智能制造领域高级应用型人才培养系列教材

KUKA工业机器人编程与操作

主编 许怡赦 邓三鹏
参编 唐东梅 罗建辉 梅 凯 何用辉
　　 周 宇 曾小波 许孔联

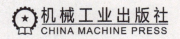

本书以北京华航唯实机器人科技股份有限公司的工业机器人实训系统为平台，基于"项目引领、任务导入"的理念安排内容，共分为 KUKA 工业机器人手动操作、KUKA 工业机器人坐标系测量、KUKA 工业机器人搬运编程与操作、KUKA 工业机器人涂胶编程与操作、基于 RobotArt KUKA 工业机器人离线编程 5 个项目，共 23 个任务。每个项目均采用实践案例讲解，兼顾了工业机器人技术基础知识和实际应用情况；每个任务均深入浅出，图文并茂，以提高学生的学习兴趣和效率。本书在介绍理论基础的同时，力求内容的实用性和实施的可操作性，突出动手能力和创新素质的培养，是一本理论与实践相结合、系统介绍 KUKA 工业机器人编程与操作的教材。

本书可作为高职高专工业机器人技术、机电一体化技术和电气自动化技术等专业的教材，也可作为各类工业机器人技术应用的培训教材，还可供从事工业机器人系统集成、工业机器人编程与操作的工程技术人员参考。

本书配有电子课件和视频教程，读者可扫描书中二维码观看，或登录机械工业出版社教育服务网 www.cmpedu.com 注册后下载。咨询电话：010-88379375。

图书在版编目（CIP）数据

KUKA 工业机器人编程与操作/许怡赦，邓三鹏主编. —北京：机械工业出版社，2019.1（2023.1 重印）
智能制造领域高级应用型人才培养系列教材
ISBN 978-7-111-61710-5

Ⅰ. ①K… Ⅱ. ①许… ②邓… Ⅲ. ①工业机器人-程序设计-教材 Ⅳ. ①TP242.2

中国版本图书馆 CIP 数据核字（2018）第 297686 号

机械工业出版社（北京市百万庄大街 22 号 邮政编码 100037）
策划编辑：薛 礼　　　　责任编辑：薛 礼
责任校对：肖 琳 李 杉 封面设计：鞠 杨
责任印制：单爱军
北京虎彩文化传播有限公司印刷
2023 年 1 月第 1 版第 5 次印刷
184mm×260mm・9.5 印张・226 千字
标准书号：ISBN 978-7-111-61710-5
定价：30.00 元

电话服务　　　　　　　　　　网络服务
客服电话：010-88361066　　　机 工 官 网：www.cmpbook.com
　　　　　010-88379833　　　机 工 官 博：weibo.com/cmp1952
　　　　　010-68326294　　　金 书 网：www.golden-book.com
封底无防伪标均为盗版　　　机工教育服务网：www.cmpedu.com

序

制造业是实体经济的主体，是推动经济发展、改善人民生活、参与国际竞争和保障国家安全的根本所在。纵观世界强国的崛起，都是以强大的制造业为支撑的。在虚拟经济蓬勃发展的今天，世界各国仍然高度重视制造业的发展。制造业始终是国家富强、民族振兴的坚强保障。

当前，新一轮科技革命和产业变革在全球范围内蓬勃兴起，创新资源快速流动，产业格局深度调整，我国制造业迎来"由大变强"的难得机遇。实现制造强国的战略目标，关键在人才。在全球新一轮科技革命和产业变革中，世界各国纷纷将发展制造业作为抢占未来竞争制高点的重要战略，把人才作为实施制造业发展战略的重要支撑，加大人力资本投资，改革创新教育与培训体系。当前，我国经济发展进入新时代，制造业发展面临着资源环境约束不断强化、人口红利逐渐消失等多重因素的影响，人才是第一资源的重要性更加凸显。

《中国制造2025》第一次从国家战略层面描绘建设制造强国的宏伟蓝图，并把人才作为建设制造强国的根本，对人才发展提出了新的更高要求。提高制造业创新能力，迫切要求培养具有创新思维和创新能力的拔尖人才、领军人才；强化工业基础能力，迫切要求加快培养掌握共性技术和关键工艺的专业人才；信息化与工业化深度融合，迫切要求全面增强从业人员的信息技术运用能力；发展服务型制造，迫切要求培养更多复合型人才进入新业态、新领域；发展绿色制造，迫切要求普及绿色技能和绿色文化；打造"中国品牌""中国质量"，迫切要求提升全员质量意识和素养等。

哈尔滨工业大学在20世纪80年代研制出我国第一台弧焊机器人和第一台点焊机器人，30多年来为我国培养了大量的机器人人才；苏州大学在产学研一体化发展方面成果显著；天津职业技术师范大学从2010年开始培养机器人职教师资，秉承"动手动脑，全面发展"的办学理念，进行了多项教学改革，建成了机器人多功能实验实训基地，并开展了对外培训和鉴定工作。这套规划教材是结合这些院校人才培养特色以及智能制造类专业特点，以"理论先进，注重实践，操作性强，学以致用"为原则精选教材内容，依据在机器人、数控机床的教学、科研、竞赛和成果转化等方面的丰富经验编写而成的。其中有些书已经出版，具有较高的质量，未出版的讲义在教学和培训中经过多次使用和修改，亦收到了很好的效果。

我们深信，这套丛书的出版发行和广泛使用，不仅有利于加强各兄弟院校在教学改革方面的交流与合作，而且对智能制造类专业人才培养质量的提高也会起到积极的促进作用。

当然，由于智能制造技术发展非常迅速，编者掌握材料有限，本套丛书还需要在今后的改革实践中获得进一步检验、修改、锤炼和完善，殷切期望同行专家及读者们不吝赐教，多加指正，并提出建议。

苏州大学教授、博导
教育部长江学者特聘教授
国家杰出青年基金获得者
国家万人计划领军人才
机器人技术与系统国家重点实验室副主任
国家科技部重点领域创新团队带头人
江苏省先进机器人技术重点实验室主任

2018年1月6日

Preface 前言

随着"中国制造 2025"战略的实施,各省市智能制造战略的相继落地,工业机器人应用得到了广泛的推广。行业研究数据显示,2013 年,我国市场工业机器人销量接近 4 万台,2015 年达到 7 万台,2016 年达到 9 万台;目前我国正在服役的机器人占全球总数的 10%,到 2020 年,我国工业机器人装机量将达到 100 万台。同时,人才短缺也成了工业机器人产业发展的瓶颈,目前国内工业机器人应用人才缺口将近 10 万人,到 2020 年,工业机器人操作维护、系统安装调试以及系统集成等应用型人才需求量将达到 20 万人左右。正是基于工业机器人产业对人才的迫切需求,中、高职院校纷纷开设了工业机器人技术专业,或在其他相关专业,如机电一体化技术、智能控制技术以及电气自动化技术等专业开设了工业机器人技术相关课程。

本书旨在培养学生在工业机器人安装、调试、维护等应用方面的技能,强调以学生操作为主,同时穿插了工业机器人技术基础的有关知识点,力求做到实践与理论的结合,突出实践能力的培养。KUKA 工业机器人作为机器人品牌四大家族之一,在国内具有较高的市场占有率,本书以 KUKA 工业机器人为例,结合工业机器人综合实训系统,从 KUKA 工业机器人手动操作、KUKA 工业机器人坐标系测量、KUKA 工业机器人搬运编程与操作、KUKA 工业机器人涂胶编程与操作、基于 RobotArt KUKA 工业机器人离线编程五个项目讲述 KUKA 工业机器人编程与操作,按照"项目引领、任务导入"的理念组织内容,力求由易到难,深入浅出,实操性强。

本书配有视频教程,读者可以扫描书中二维码观看。

本书由许怡赦、邓三鹏任主编。编写分工为:湖南网络工程职业技术学院许孔联编写项目一,湖南理工职业技术学院曾小波编写项目二,湖南机电职业技术学院许怡赦、唐东梅和梅凯编写项目三,福建信息职业技术学院何用辉和武汉船舶职业技术学院周宇编写项目四,天津职业技术师范大学邓三鹏、湖南机电职业技术学院罗建辉编写项目五。

本书在编写过程中得到了北京华航唯实机器人科技股份有限公司的大力支持和帮助,在此深表谢意。

本书是编者近几年实践教学过程的总结,主要内容取自教学讲义。由于编者水平有限,书中难免存在不妥之处,恳请广大读者不吝赐教,批评指正,联系邮箱:yishexu@163.com。

编 者

二维码清单

名称	二维码	名称	二维码
机器人的手动运行		抓爪工具的测量	
三角形和圆形轮廓运动编程		采用样条组的轨迹轮廓编程	
外部固定工具测量		以外部 TCP 的轨迹轮廓运动编程	
机器人主程序对子程序的调用		机器人搬运、码垛运动编程	

Contents 目录

序
前言
二维码清单

1 项目一　KUKA 工业机器人手动操作 …… 1
任务一　轴坐标系下 KUKA 工业机器人手动操作 …… 18
任务二　世界坐标系下 KUKA 工业机器人手动操作 …… 20
任务三　工具坐标系下 KUKA 工业机器人手动操作 …… 23
任务四　基坐标系下 KUKA 工业机器人手动操作 …… 26
任务五　用外部固定工具手动操作 KUKA 工业机器人 …… 28
练习与思考题 …… 32

2 项目二　KUKA 工业机器人坐标系测量 …… 34
任务一　工具坐标系测量 …… 57
任务二　基坐标系测量 …… 61
任务三　固定工具测量 …… 63
任务四　机器人引导的工件坐标系测量 …… 66
练习与思考题 …… 69

3 项目三　KUKA 工业机器人搬运编程与操作 …… 71
任务一　运动规划和制订程序流程图 …… 74
任务二　示教前准备 …… 76

任务三　新建程序 …… 76
任务四　示教编程 …… 77
任务五　运行搬运程序 …… 83
任务六　循环搬运 …… 84
练习与思考题 …… 86

4 项目四　KUKA 工业机器人涂胶编程与操作 …… 87
任务一　三角形和圆形运动 …… 95
任务二　3D 轮廓的精确定位运动和逼近运动 …… 102
任务三　采用样条组的轨迹轮廓编程 …… 112
任务四　主程序对子程序调用 …… 118
任务五　以外部的轨迹轮廓运动编程 …… 120
练习与思考题 …… 126

5 项目五　基于 RobotArt KUKA 工业机器人离线编程 …… 127
任务一　使用三维球进行零件装配 …… 132
任务二　气缸六面离线轨迹编程 …… 134
任务三　生产流水线动画设计 …… 137
练习与思考题 …… 141

参考文献 …… 143

项目一
KUKA 工业机器人手动操作

工业机器人集成了机械、电子、计算机、自动控制、传感器和人工智能等学科的先进技术，是一种应用于现代制造业的重要自动化装备，可在生产线及恶劣的环境中替代人进行工作，在保障人身安全、改善劳动环境、减轻劳动强度、提高产品质量和劳动生产率、降低生产成本等方面具有十分重要的意义。

学习目标

1) 了解工业机器人的定义和发展历史，工业机器人的组成和技术参数，工业机器人的分类，以及工业机器人在工业领域中的应用。

2) 了解 KUKA 工业机器人的组成、运动形式、工作空间、控制柜和示教器等的知识和内容。

3) 掌握工业机器人坐标系和示教器的相关操作。

4) 能安全起动工业机器人，并按照安全操作规程来操作机器人。

5) 能完成轴坐标系、世界坐标系、工具坐标系和基坐标系下 KUKA 工业机器人的手动操作。

项目描述

本项目主要内容：工业机器人基础理论知识，包括工业机器人的定义和历史，工业机器人的组成、技术参数和分类，工业机器人的应用和展望；KUKA 工业机器人的组成和运动形式，KUKA 工业机器人示教器，手动操作机器人在轴坐标系、世界坐标系、工具坐标系和基坐标系下运动等内容，为下一步工业机器人操作和示教编程做好技术储备。

知识准备

一、工业机器人认知

1. 工业机器人的定义

机器人的英文单词是"Robot"，最早的含义是像奴隶那样进行劳动的机器。由于受到影视宣传和科幻小说的影响，人们往往把机器人想象成外貌与人相似的机器和电子装置。但现实并非如此，机器人中一个特别重要的分支——工业机器人与人的外貌毫无相似之处，在工业应用领域中，它通常被称为"机械手"。

随着时代发展，世界各国的科学家从不同角度给出了工业机器人的定义。

1) 美国机器工业协会（RIA）对工业机器人的定义：工业机器人是一种用于移动各种材料、零件、工具或专用装置的，通过可编程序动作来执行各种任务并具有编程能力的多功能机械手。

2) 国际标准化组织（ISO）对工业机器人的定义：工业机器人是一种能自动控制、可重复编程、多功能、多自由度的操作机,能搬运材料、工件或操持工具来完成各种作业。其中,ISO 8373:2012给出了更具体的解释:工业机器人有自动控制与再编程、多用途功能,机器人操作机有三个或三个以上的可编程轴,在工业机器人自动化应用中,机器人的底座可固定也可移动。

3）日本工业机器人协会（JIRA）对工业机器人的定义：工业机器人是一种带有存储器件和末端操作器的通用机械,它能够通过自动化的动作替代人类劳动。

4）我国对工业机器人的定义：工业机器人是一种具备一些与人或者生物相似的智能能力和高度灵活性的自动化机器。

基于上述对工业机器人的描述,本书对工业机器人的定义：工业机器人即面向工业领域的机器人,是一种能在人的控制下智能工作,并能完美替代人力在生产线上工作的多关节机械手或多自由度的机器装置。更通俗地讲,工业机器人就是一种拟人手臂、手腕和手指动作的机械电子装置,在人的控制下,它可把任一物件或工具按空间位置姿态的要求进行移动,从而完成某一工业生产任务。

从工业机器人的定义中不难发现,工业机器人有以下四个显著特点：

1）仿人功能。工业机器人通过各种传感器感知工作环境,具有自适应能力。在功能上模仿人的手臂、手腕、手指等部位达到工业自动化的目的。

2）可编程。工业机器人作为柔性制造系统的重要组成部分,可编程功能是其适应工作环境能力的一种体现。

3）通用性。工业机器人一般分为通用与专用两类。通用工业机器人只要更换不同的末端执行器就能完成不同的工业生产任务。

4）良好的环境交互性。智能工业机器人在无人为干预的条件下,对工作环境有自适应控制能力和自我规划能力。

2. 工业机器人的发展历史

自20世纪50年代末诞生以来,工业机器人的研究、开发及应用走过了60多年的历程,经历了起步期、快速发展期和智能化期。1954年,美国人戴沃尔（Devol）制造出世界上第一台可编程机械手,并首次提出了"示教再现机器人"的概念,即借助伺服技术控制机器人的关节,利用人手对机器人进行动作示教,由机器人实现动作的记录和再现。在此基础上,1956年,戴沃尔与被誉为"工业机器人之父"的美国发明家英格伯格（Engelberger）创建了世界上第一个机器人公司——Unimation（Univeral Automation）公司,并于1959年联手设计出第一台工业机器人——尤尼梅特（Unimate）机器人,如图1-1所示。英格伯格负责设计机器人的"手""脚"和"身体",即机器人的机械部分和完成操作部分；戴沃尔负责设计机器人的"头脑""神经系统"和"肌肉系统",即机器人的控制装置和驱动装置。Unimate是一台用于压铸的五轴液压驱动机器人,手臂的控制由一台计算机完成。它采用了分离式固体数控元件,并装有存储信息的磁鼓,能够记忆完成180个工作步骤。1961年,Unimation公司生产的世界上第一台工业机器人在美国特伦顿（新泽西州首府）的通用汽车公司安装运行。与此同时,美国另一家机器人制造公司——AMF公司于1962年制造出了世界上第一台圆柱坐标型工业机器人——沃尔萨特兰（Versatran）,它主要用于机器之间的物料运送。1967年,Unimate机器人安装运行于瑞典工厂,这是在欧洲安装运行的第一台工业机器人。1969年,通用汽车公司在其洛兹敦装配厂安装了首台点焊机器人,大大提高了生产率。同年，挪威 Trallfa 公司提供了第一个商业化应用的喷漆机器人，日本川崎重工公司成功开发了日本第一台工业机器人——Kawasaki-Unimate2000。

虽然工业机器人是一种新颖而有效的制造工具，但到了 20 世纪 60 年代，利用传感器反馈增强机器人柔性的趋势就已经很明显了。20 世纪 60 年代末，传感器技术得到了飞速的发展，工业机器人迎来了进一步发展的良好契机。1973 年，博尔斯（Boles）和保罗（Paul）在斯坦福使用视觉和力反馈，表演了与 PDP-10 计算机相连并由计算机控制的"斯坦福"机械手，用于装配自动水泵。1973 年，德国库卡（KUKA）公司将其使用的 Unimate 机器人研发改造成世界上第

图 1-1　尤尼梅特（Unimate）机器人

一台机电驱动的六轴工业机器人——Famulus 机器人，如图 1-2 所示。1973 年，日本日立（Hitachi）公司开发出在混凝土桩行业使用的自动螺栓连接机器人，这是第一台安装有动态视觉传感器的工业机器人。它在移动的同时能够识别浇注模具上螺栓的位置，并且与浇注模具的移动同步，完成螺栓拧紧和拧松工作。1974 年，美国辛辛那提·米拉克龙（Cincinnati Milacron）公司的理查德·霍恩（Richard Hohn）开发出第一台由小型计算机控制的工业机器人，命名为 T3，从此第一台小型计算机控制的工业机器人走向市场。1974 年日本川崎重工公司将用于制造川崎摩托车框架的 Unimate 点焊机器人改造成弧焊机器人；同年，川崎还开发出世界上首款带精密插入控制功能的机器人，命名为"Hi-T-Hand"，该机器人还具备触摸和力学感应功能，其手腕灵活并带有力反馈控制系统，因此它可以插入一个约 $10\mu m$ 间隙的机械零件。1974 年，瑞典通用电机公司（ASEA，ABB 公司的前身）开发出世界上第一台全电力驱动、由微处理器控制的工业机器人——IRB 6，它主要应用于工件的取放和物料的搬运。1975 年，意大利 Olivetti 公司开发出直角坐标机器人——西格玛（SIGMA），它是一个应用于组装领域的工业机器人。1975 年，日本日立公司开发出第一台基于传感器的弧焊机器人，命名为"Mr. AROS"。与此同时，IBM 公司的威尔（Will）和格罗斯曼（Grossman）研制出一个带有触觉和力觉传感器的、由计算机控制的机械手，可以完成有 20 个零件的打字机的机械装配工作。1978 年，日本山梨大学的牧野洋（Hiroshi Makino）发明了选择顺应性装配机器手臂（Selective Compliance Assembly Robot Arm，SCARA），世界上第一台 SCARA 工业机器人诞生；德国徕斯（Reis）机器人公司开发了世界首款拥有独立控制系统的六轴机器人——RE15；美国 Unimation 公司推出通用工业机器人（Programmable Universal Machine for Assembly，PUMA），应用于通用汽车装配线，这标志着工业机器人技术已经完全成熟。1979 年，日本不二越株式会社（Nachi）研制出世界上第一台电动机驱动的机器人，这台电动机驱动的点焊机器人开创了电力驱动机器人的新纪元，从此告别了液压驱动机器人的时代。1981 年，美国卡内基-梅隆大学的金出武雄（Takeo Kanade）设计开发出世界上第一个直接驱动机器人手臂；美国 PaR Systems 公司推出第一台龙门式工业机器人。1984 年，美国 Adept Technology 公司开发出第一台直接驱动的选择顺应性装配机器手臂——AdeptOne，显著提高了机器人合成速度及定位精度。1984 年，瑞典 ABB 公司生产出当时速度最快的装

配机器人——IRB 1000。1985年，德国库卡（KUKA）公司开发出一款新的Z形机器人手臂，该Z形机器人手臂具有三个平移运动和三个旋转运动共六个自由度，可大大节省制造工厂的场地空间。

进入到20世纪90年代以后，工业机器人的应用领域越来越广泛，其智能性得到较快发展。1992年，瑞典ABB公司推出一个开放式控制系统——S4，改善了人机界面，并提升了机器人的技术性能；同年，世界上第一台DELTA机器人投入使用。1996年，德国库卡（KUKA）公司开发出世界上第一台基于个人计算机的机器人控制系统。1998年，瑞典ABB公司开发出世界上速度最快的采摘机器人——灵手（FlexPicke）机器人。1998年，瑞士Güdel公司开发出"roboLoop"系统，这是当时世界上唯一的弧形轨道龙门吊和传输系统。1999年，德国徕斯（Reis）机器人公司在机器人手臂内引入集成激光束

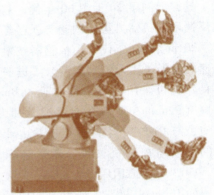

图1-2 Famulus机器人

指导系统，从而使机器人能够使用激光在高动态工况下没有碰撞地完成操作。2002年，德国徕斯（Reis）机器人公司使工人和机器人之间实现了直接互动。2003年，德国库卡（KUKA）公司开发出第一台娱乐机器人——Robocoaster。2004年，日本安川（Motoman）机器人公司开发出改进的机器人控制系统——NX100，它能够同步控制四台机器人、最多可控制38轴。2006年，意大利柯马（Comau）公司推出了第一款无线示教器（Wireless Teach Pendant, WiTP）。2007年，日本安川（Motoman）机器人公司推出了当时世界上最快的弧焊机器人（图1-3）；德国库卡（KUKA）公司推出了大载荷重型机器人。2008年，日本发那科（FANUC）公司推出了大载荷重型机器人——M-2000iA。2009年，瑞典ABB公司推出了当时世界上最小的多用途工业机器人——IRB120。2010年，德国库卡（KUKA）公司推出了一系列新的货架式机器人——Quantec；日本发那科（FANUC）公司推出了学习控制机器人（Learning Control Robot）——R-2000iB。2011年，第一台仿人型机器人进入太空。之后，工业机器人行业开始向智能化的发展方向快速迈进。

尽管工业机器人的发展历史并不长，但随着工业机器人发展的深度和广度增加，以及机器人智能水平的提高，工业机器人已在众多领域得到了应用。工业机器人领域正在向智能化、模块化和系统化的方向发展，具有广阔的市场前景。

3. 工业机器人的组成

工业机器人由机器人、作业对象及环境共同构成，其中包括机械系统、驱动系统、控制系统和感知系统四大部分。它们之间的关系如图1-4所示。

从图1-4中可以看出，工业机器人是一个典型的机电一体化系统。其工作原理为：控制系统发出动作指令，控制驱动系统工作；驱动系统带动机械系统运动，使末端操作器达到空间某一位置实现某一姿态，完成一定的作业任务；末端

图1-3 弧焊机器人

操作器在空间的实时位姿由感知系统反馈给控制系统,控制系统把实际位姿与目标位姿相比较,发出下一个动作指令;如此循环,直至完成作业任务为止。

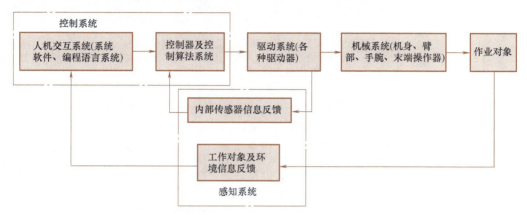

图 1-4　机器人系统组成

（1）机械系统　工业机器人的机械系统包括机身、手臂、手腕、末端操作器和行走机构（不一定有），如图 1-5 所示。每一部分都有若干个自由度,构成一个多自由度的机械系统。若基座具备行走机构,则构成行走机器人;若基座不具备行走及腰转机构,则构成单机器人臂。手臂一般由上臂、下臂和手腕组成。末端操作器是直接装在手腕上的一个重要部件,它可以是两手指或多手指的手爪,也可以是喷漆枪、焊枪等作业工具。工业机器人机械系统的作用相当于人的身体。

（2）驱动系统　驱动系统主要是指驱动机械系统动作的驱动装置。根据驱动源的不同,机器人常用的驱动方式主要有电气驱动、液压驱动和气压驱动三种基本类型,它们的特点对比见表 1-1。目前,除了个别运动精度不高、重负载或者有防暴要求的机器人采用液压、气压驱动外,工业机器人大部分都采用电气驱动,而其中交流伺服电动机应用最广,且驱动器布置大都采用一个关节一个驱动器。

图 1-5　工业机器人的机械系统结构

表 1-1　三种驱动方式的特点对比

对比项 特点 驱动方式	输出力	控制性能	维修使用	结构体积	使用范围	制造成本
电气驱动	输出力较大或较小	容易与 CPU 连接,控制性能好,响应快,可精确定位,但控制系统复杂	维修、使用较为复杂	需要减速装置,体积较小	高性能、运动轨迹要求严格的机器人	成本较高

(续)

驱动方式＼对比项＼特点	输出力	控制性能	维修使用	结构体积	使用范围	制造成本
液压驱动	压力高,可获得很大的输出力	油液不可压缩,压力、流量均容易控制,可无极调速,反应灵敏,可实现连续轨迹控制	维修方便,液体对温度变化敏感,油液泄漏易着火	在输出力相同的情况下,体积比气压驱动方式小	中、小型及重型机器人	液压原件成本较高,油路比较复杂
气压驱动	气体压力小,输出力较小,如果需要输出力较大的力,则结构尺寸过大	可高速运行,冲击较严重,精确定位困难,气体压缩性大,阻尼效果差,低速不易控制,不易与CPU连接	维修简单,能在高温、粉尘等恶劣环境中使用,气体泄漏无影响	体积较大	中、小型机器人	结构简单,工作介质来源方便,成本低

（3）感知系统　感知系统由内部传感器和外部传感器组成,其作用是获取机器人的内部和外部环境信息,并把这些信息反馈给控制系统。内部状态传感器用于检测各个关节的位置、速度等变量,为闭环伺服控制系统提供反馈信息。外部状态传感器用于检测机器人与周围环境之间的一些状态变量,如距离、接近程度和接触情况等,用于引导机器人,便于其识别物体并做出处理。感知系统的作用相当于人的五官。

（4）控制系统　控制系统的任务是依据机器人的作业指令程序以及从传感器反馈回来的信号控制机器人执行机构,使其完成规定的运动和功能。该部分包括人机交互装置（图1-6）和控制软件。人机交互装置是操作人员与机器人进行交互的装置,如示教盒;控制软件则指控制算法。控制系统的作用相当于人的大脑。

图 1-6　人机交互装置示教盒

4. 工业机器人的技术参数

工业机器人的技术参数是各工业机器人制造商在产品供货时所提供的技术数据,也是工业机器人性能的主要表现,是设计、应用机器人必须考虑的方面。工业机器人的主要技术参数有自由度、精度、工作空间、最大工作速度和工作载荷等。

（1）自由度　机器人自由度是指机器人所具有的独立坐标轴运动的数目,不包括末端操作器的开合自由度。机器人的一个自由度对应一个关节（允许机器人手臂各零件之间发生相对运动的机构）,所以机器人的自由度数等于关节数目。自由度是表征机器人动作灵活程度的参数,自由度越高越灵活。从运动学的观点看,在完成某一特定作业时具有多余自由度的机器人称为冗余自由度机器人。冗余自由度增加了机器人的灵活性,但也增加了机械结构的复杂性和控制难度。所以,机器人的自由度要根据实际用途设计,一般为3~6个自由度。图1-7所示为PUMA560六自由度工业机器人。

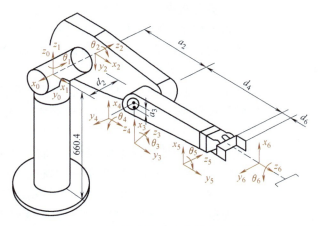

图1-7　PUMA560六自由度工业机器人

（2）精度　工业机器人的精度包括定位精度和重复定位精度。定位精度是指机器人末端操作器的实际位置与目标位置之间的偏差,由机械误差、控制算法误差与系统分辨率等部分组成。重复定位精度是指在同一环境、同一条件、同一目标动作、同一命令之下,机器人连续重复运动若干次时,其末端操作器到达同一目标位置的能力,是关于精度的统计数据(可以用标准偏差来表示)。由于重复定位精度不受工作载荷变化的影响,所以重复定位精度通常用作衡量示教再现方式工业机器人性能的重要指标。

（3）工作空间　工作空间表示机器人的工作范围,它是机器人运动时手臂末端或手腕中心所能到达的所有点的集合,也称为工作区域。由于末端操作器的尺寸和形状多种多样,为了真实反映机器人的特征参数,所以工作空间是指不安装末端操作器的工作区域。工作空间的大小不仅与机器人各连杆的尺寸有关,还与机器人的总体结构形式有关。

工作空间的大小和形状十分重要,机器人在执行具体作业时可能会因为存在手部不能达到的作业死区而不能完成任务。图1-8所示为MOTOMAN SV3机器人的工作空间。

（4）最大工作速度　速度是机器人运动特性的主要指标。生产机器人的厂家不同,其所指的最大工作速度也不同:有的厂家指工业机器人主要自由度上最大的稳定速度,有的厂家指手臂末端最大的合成速度,但通常都会在技术参数中加以说明。最大工作速度越高,工作效率越高;但是,工作速度越高,允许的极限加速度就越小,则加减速的时间

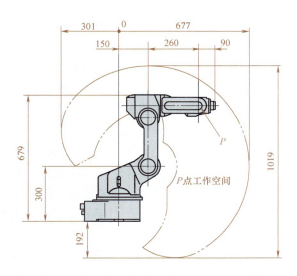

图1-8　MOTOMAN SV3机器人的工作空间

也会越长，或者对工业机器人的最大加速率或最大减速率的要求越高。

（5）工作载荷　工作载荷是指机器人在工作空间内的任何位置上所能承受的最大质量。工作载荷能力不仅与负载的质量有关，还与机器人运行的速度和加速度的大小和方向有关。为了安全起见，工作载荷这一技术指标是指高速运行时的承载能力。通常，载荷能力不仅指负载，而且包括了机器人末端控制器的质量。机器人的有效负载大小不仅受到驱动器功率的限制，还受到杆件材料极限应力的限制，所以它又与环境条件、运动参数有关。

5. 工业机器人的分类

关于工业机器人的分类，国际上没有制定统一的标准，有的按工作负载分，有的按控制方式分，有的按结构分，有的按应用领域分。这里按机器人的技术等级、结构坐标系特点、用途及负荷工作范围等进行分类。

（1）按机器人的技术等级分类　按照机器人的技术等级可以将工业机器人分为三类。

1）示教再现机器人。这类机器人能够按照人们预先示教的轨迹、行为、顺序和速度重复作业。操作人员利用示教器上的开关或按键控制机器人一步一步地运动，机器人自动记录，然后重复。例如应用于汽车行业的点焊机器人，只要把点焊的过程示教完毕，机器人总是重复这样一种工作，它对外界环境没有感知，操作力大小，工件是否存在，焊接效果好与坏，机器人并不知道。目前，在工业现场应用的机器人大多属于这一类。

2）感知机器人。模拟人的某种感觉，如力觉、触觉、滑觉、视觉和听觉等，有了各种各样的感觉后，机器人在进行实际工作时可以通过感觉功能去感知环境与自身的状况，形成本身与环境的协调。例如，第二代焊接机器人采用焊缝跟踪技术，通过传感器感知焊缝的位置，再通过反馈控制，机器人自动跟踪焊缝，从而对示教位置进行修正，即使实际焊缝位置相对于原始设定的位置有变化，机器人也能很好地完成焊接工作。

3）智能机器人。智能机器人是能发现问题，并且能自主解决问题的机器人。从理论上来说，智能机器人是一种带有思维能力的机器人，能根据给定的任务自主地设定完成工作的流程，并不需要人在此流程中进行干预。但是，智能机器人目前的发展还是相对的，只是局部符合这种智能的概念和含义。

（2）按结构坐标系特点分类　按结构坐标系特点，工业机器人通常可分为直角坐标机器人、圆柱坐标机器人、球坐标机器人、垂直多关节坐标机器人和平面多关节坐标机器人，如图1-9所示。

1）直角坐标机器人。直角坐标机器人由三个滑动关节组成，关节轴线相互垂直，相当于直角坐标系的 x、y、z 轴。这三个关节用来确定末端操作器的位置，通常还带有附加的旋转关节，用来确定末端操作器的姿态。这种机器人结构简单，稳定性好，定位精度高，空间轨迹易解；但其工作空间较小，灵活性差，且占地面积较大。它适合用于大负载搬送。

2）圆柱坐标机器人。圆柱坐标机器人由旋转基座、垂直移动轴和水平移动轴构成，两个滑动关节和一个旋转关节确定部件的位置，再加一个旋转关节来确定部件的姿态，工作空间为圆柱形状。这种机器人位置精度高，刚性好，运动直观，控制简单；但它不能到达靠近立柱或地面的空间，后臂工作时手臂会碰到工作空间内的其他物体。Versatran 机器人是该类机器人的典型代表。

3）球坐标机器人。球坐标机器人采用球坐标系，一个滑动关节和两个旋转关节确定部件的位置，再用一个附加的旋转关节确定部件的姿态，工作空间为球缺形状。这种机器人结构紧凑，动作灵活，占地面积小，工作空间大；但结构复杂，难于控制，定位精度低，运动直观性差。Unimate 机器人是该类机器人的典型代表。

4）垂直多关节坐标机器人。垂直多关节坐标机器人由立柱、大臂和小臂组成，具有拟人的机械结构，大臂与立柱构成肩关节，大臂与小臂构成肘关节。一个转动关节和两个俯仰关节确定部件的位置和姿态。工作空间为球缺形状。这种机器人工作空间大，动作灵活，可自由实现三维空间的各种姿势，能抓取靠近机身的物体；但运动直观性差，结构刚度较低，动作的绝对精度较低。

5）平面多关节坐标机器人。这种机器人可看作是垂直多关节坐标机器人的特例，它只有平行的肩关节和肘关节，关节轴线共面。它有三个转动关节，其轴线相互平行，可在平面内进行定位和定向。其还有一个移动关节，用于完成手爪在垂直于平面的运动。平面多关节坐标机器人在垂直平面内具有很好的刚度，在水平面内具有较好的柔性，动作灵活，速度快，定位精度高。

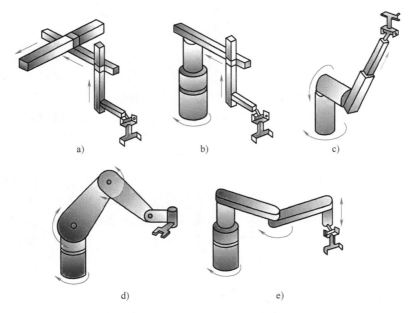

图 1-9 工业机器人几种坐标形式

a) 直角坐标型 b) 圆柱坐标型 c) 球坐标型 d) 垂直多关节坐标型 e) 平面多关节坐标型

（3）按用途分类

1）搬运机器人。搬运机器人是可以进行自动化搬运作业的工业机器人。最早的搬运机器人出现在 1960 年的美国，Versatran 和 Unimate 两种机器人首次用于搬运作业。搬运作业是指用一种设备握持工件，从一个加工位置移到另一个加工位置。搬运机器人可安装不同的末端执行器，以完成各种不同形状和状态工件的搬运工作，把人类从繁重的体力劳动中解放出来。目前世界上使用的搬运机器人逾 10 万台，被广泛应用于机床上下料、冲压机自动化生产线、自动装配流水线、码垛搬运、集装箱等的自动搬运。搬运机器人如图 1-10 所示。

2）码垛机器人。码垛机器人是从事码垛作业的工业机器人，即将已装入容器的物体按要求排列码放在托盘、栈板（木质、塑胶）上，进行自动堆码。码垛机器人可以集成在任何生产线中，可广泛应用于纸箱、塑料箱、瓶类、袋类、桶装、膜包产品及灌装产品等的码垛。机器人代替人工搬运、码垛，能迅速提高企业的生产率和产量，同时能减少人工搬运造成的错误。机器人码垛可全天候作业，由此每年能节约大量的人力成本。码垛机器人如图1-11所示。

图1-10　搬运机器人　　　　　　　　　图1-11　码垛机器人

3）焊接机器人。焊接机器人是从事焊接（包括切割与喷涂）作业的工业机器人，它们通过安装有末端操作器上的焊钳或焊（割、喷）枪进行焊接、切割或热喷涂。焊接机器人目前已广泛应用于汽车制造业，如汽车底盘、座椅骨架、导轨、消声器以及液力变矩器等的焊接。焊接机器人能在恶劣的环境下连续工作并能提供稳定的焊接质量，提高了工作效率，减轻了工人的劳动强度。焊接机器人如图1-12所示。

4）装配机器人。装配机器人是柔性自动化装配系统的核心设备。为适应不同的装配对象，装配机器人的末端执行器被设计成各种手爪和手腕等，其传感系统用来获取装配机器人与环境和装配对象之间相互作用的信息。与一般工业机器人相比，装配机器人具有精度高、柔顺性好、工作空间小、能与其他系统配套使用等特点，主要用于各种电器的制造行业及流水线产品的组装作业。装配机器人如图1-13所示。

图1-12　焊接机器人　　　　　　　　　图1-13　装配机器人

5）喷涂机器人。喷涂机器人又称喷漆机器人，是可进行自动喷漆或喷涂其他涂料的工业机器人，1969年由挪威Trallfa公司（后并入ABB公司）发明。喷漆机器人主要由机器人本体、计算机和相应的控制系统组成，液压驱动的喷漆机器人还包括液压油源，如液压泵、油箱和电动机等。较先进的喷漆机器人腕部采用柔性手腕，既可向各个方向弯曲，又可转动，其动作类似人的手腕，能方便地通过较小的孔伸入工件内部，喷涂其内表面。喷漆机器人广泛用于汽车、仪表、电器和搪瓷等行业。喷涂机器人如图 1-14 所示。

（4）按工作负荷分类　按照工作负荷范围可以将工业机器人分为：超大型机器人——负荷为 10kN 以上；大型机器人——负荷为 1~10kN，工作空间为 10m^3 以上；中型机器人——负荷为 100~1000N，工作空间为 1~10m^3；小型机器人——负荷为 1~100N，工作空间为 0.1~1m^3；超小型机器人——负荷小于 1N，工作空间小于 0.1m^3。

图 1-14　喷涂机器人

（5）按驱动方式分类　按驱动方式可以将工业机器人分为气动机器人、液压机器人和电动机器人。三种驱动方式的差异见表 1-1。

（6）按机器人控制系统的控制方式分类　按控制系统的控制方式的不同工业机器人分为点位控制机器人和连续轨迹控制机器人。前者只控制到达某些指定点的位置精度，而不控制其运动过程；后者则对运动过程的全部轨迹进行控制。

6. 工业机器人的应用和展望

经过 60 多年的发展，工业机器人已在越来越多的领域得到了应用。在制造业中，尤其是在汽车产业中，工业机器人得到了广泛的应用。例如，在毛坯制造（冲压、压铸、锻造等）、机械加工、焊接、热处理、表面涂覆、上下料、装配、检测及仓库堆垛等作业中，机器人都已逐步取代了人工作业。随着工业机器人向更深、更广方向的发展以及机器人智能化水平的提高，机器人的应用范围还在不断地扩大，已从汽车制造业推广到机械加工、电子、橡胶与塑料、食品、木材以及家具制造等行业，进而推广到诸如采油采矿（如海上石油钻井、管道的检测、大型油罐和储罐的焊接等均可使用机器人来完成）、建筑业以及水电系统维护维修等各种非制造行业。此外，在国防军事、医疗卫生、生活服务等领域，机器人的应用也越来越多，如无人侦察机（飞行器）、警备机器人、医疗机器人和家政服务机器人等均有应用实例。机器人正在为提高人类的生活质量发挥着重要作用。工业机器人在许多生产领域的使用实践证明，它在提高生产自动化水平，提高劳动生产率、产品质量、经济效益，改善工人劳动条件等方面，有着非常重要的作用，引起了世界各国的广泛关注。

综上，工业机器人的应用可以归纳为以下几个方面。

1）在恶劣的工作环境从事危险的工作。恶劣的工作环境及危险工作领域有些作业是有害于人体健康甚至会危及生命的，或不安全因素很大而不宜由人去做的作业，用工业机器人去做最合适，如核工厂设备的检验和维修机器人，核工业沸腾水式反应堆燃料自动交换机人等。

2）在特殊作业场合进行极限作业。火山探险、深海探密、极地探索及空间探索等领域对人类来说是力所不能的，只有借助机器人来实现，如航天飞机上用来回收卫星的操作臂，用于海底采矿和打捞的遥控海洋作业机器人等。

3) 自动化生产领域。早期的工业机器人在生产上主要用于机床上、下料，点焊和喷漆。用得最多的制造工业包括电机制造、汽车制造、塑料成型、通用机械制造和金属加工等。随着柔性自动化的出现，机器人在自动化生产领域扮演了更重要的角色。前文所述的搬运机器人、码垛机器人、装配机器人等即为机器人在工业上应用的典型例子。

4) 改善与人类生活直接相关的各个领域，如擦玻璃机器人、高压线作业机器人、管道机器人等。

5) 军事应用。如作战机器人、侦察机器人、哨兵机器人、扫雷机器人、布雷机器人等军用机器人。

展望未来，对机器人的需求是多方面的。由于制造业中多数工业产品的寿命逐渐缩短，品种需求增多，产品的生产必须从传统的单一品种成批大量生产逐步向多品种小批量柔性生产过渡。由各种加工装备、机器人、物料传送装置和自动化仓库组成的柔性制造系统，以及由计算机统一调度的更大规模的集成制造系统将逐步成为制造工业的主要生产手段。

现在工业上运行的90%以上的机器人都不具有智能。随着工业机器人数量的快速增长和工业生产的发展，对机器人的工作能力也提出了更高的要求，特别是需要各种具有不同程度智能的机器人和特种机器人。这些智能机器人有的具有视觉和触觉功能，能够进行独立操作、自动装配和产品检验，有的具有自主控制和决策能力。这些智能机器人不仅应用各种反馈传感器，而且运用人工智能中的各种学习、推理和决策技术。智能机器人还应用许多最新的智能技术，如临场感技术、虚拟现实技术、多真体技术、人工神经网络技术、遗传算法和遗传编程、放声技术、多传感器集成和融合技术以及纳米技术等。可以说，智能机器人将是未来机器人技术发展的方向。

目前世界工业机器人界都在加大科研力度，进行机器人共性技术的研究，产品朝着智能化和多样化方向发展。可以预见，工业机器人在以下几方面会有较大的发展：

1) 工业机器人机械结构的优化设计。探索新的高强度轻质材料，进一步提高负载/自重比，同时机械结构向着模块化、可重构方向发展。例如，关节模块的伺服电动机、减速机、检测系统三为一体化，由关节模块、连杆模块用重组方式构造机器人整机。

2) 机器人控制技术。控制系统会向基于计算机的开放型控制器方向发展，控制系统模块化，人机界面更加友好。机器人控制器标准化和网络化，器件集成度提高，控制柜日趋小巧。编程技术除进一步提高在线编程的可操作性之外，也将提高离线编程的实用化程度。

3) 多传感系统。有效可行的多传感器融合算法，特别是在非线性及非平稳、非正态分布的情形下的多传感器融合算法会进一步提高机器人的智能化程度和适应性。

4) 机器人的结构灵巧，控制系统越来越小，两者朝着一体化方向发展。

二、KUKA 工业机器人认知

如图 1-15 所示，KUKA 六轴工业机器人

图 1-15　KUKA 六轴工业机器人系统组成
1—控制柜　2—机械手　3—示教器

主要由两部分组成：一是机器人本体部分，即机械手 2；另一部分是机器人的控制系统，它主要由控制柜 1 和示教器 3 构成。机器人控制器安装于机器人控制柜内部，用来控制机器人的伺服驱动、输入/输出等主要执行设备。示教器通过电缆连接到机器人控制柜上，作为上位机通过以太网与控制器进行通信。通过示教器对机器人可以进行以下控制：

1) 手动控制机器人运动。
2) 机器人程序示教编程。
3) 机器人程序自动运行。
4) 机器人运行状态监视。
5) 机器人控制参数设置。

KUKR KR 10 R1100 工业机器人根据其承载能力有多种规格，如 3kg、5kg、10kg 等。表 1-2 所列为 KUKA KR 10 R1100 工业机器人规格参数。

表 1-2　KUKA KR 10 R1100 工业机器人规格参数

机器人型号	KR 10 R1100		机器人型号	KR 10 R1100
轴数	6	运动范围	J1 回转	−170°~+170°
最大运动半径	1101mm		J2 立臂	−190°~+45°
额定负载	10kg		J3 横臂	−120°~+156°
重复精度	±0.03mm		J4 腕	−185°~+185°
机械本体质量	54kg		J5 腕摆	−120°~+120°
底座尺寸	209mm×207mm		J6 腕转	−350°~+350°
安装方式	落地、倒置、壁挂	使用环境	温度	+5~+45℃
防护等级	IP54		湿度	≤95%

KUKR KR 10 R1100 工业机器人的工作空间如图 1-16 所示。

三、KUKA 工业机器人示教器认知

1. KUKA 工业机器人示教器的特点

为了控制机器人的运动，操作者需要利用手持式编程器（即示教器）对机器人进行现场编程和调试。KUKA 工业机器人的手持式编程器为 KUKA smartPAD，也称为 KCP、库卡示教器，其外观如图 1-17 所示，具体构成如下：

1) 触摸屏（触摸式操作界面），用手或配备的触摸笔操作。
2) 菜单键。
3) 移动键。
4) 操作工艺数据包的按键。
5) 用于程序运行的按键。
6) 显示键盘的按键。
7) 更换运行模式的钥匙开关。
8) 紧急停止按键。
9) 6D 鼠标。
10) 可拔出通信接口。
11) USB 接口。

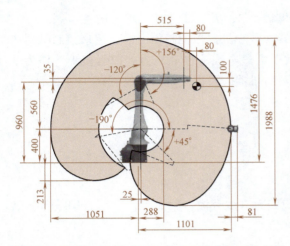

图 1-16　KUKR KR 10 R1100 工业机器人的工作空间

图 1-17　库卡示教器外观

2. smartPAD 概览

smartPAD 主要按键如图 1-18 所示，其功能按图中序号介绍如下：

① 用于拔下 smartPAD 的软键。

② 用于调出连接管理器的钥匙开关。只有当钥匙插入时，才可转动开关。可以通过连接管理器切换运行模式。

③ 紧急停止键。用于在危险情况下关停机器人。紧急停止键在被按下时机器人将自行闭锁。

④ 6D 鼠标。用于手动移动机器人。

⑤ 移动键。用于手动移动机器人。

⑥ 用于设定程序倍率的按键。

⑦ 用于设定手动倍率的按键。

⑧ 主菜单按键。用来在 smartHMI 上将菜单项显示出来。

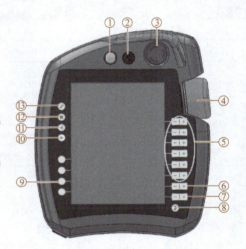

图 1-18　smartPAD 主要按键

⑨ 工艺键。用于设定工艺程序包中的参数。其确切的功能取决于所安装的工艺程序包。

⑩ 启动键。用于启动程序。

⑪ 逆向启动键。可逆向启动一个程序。程序将逐步运行。

⑫ 停止键。可暂停正在运行中的程序。

⑬ 键盘按键。用于显示输入键盘，通常不必特地将键盘显示出来，smartHMI 可识别需要通过键盘输入的情况并自动显示键盘。

图 1-19 所示为示教器背面按键。①、③、⑤为确认开关；②为运行键，可启动一个程序；④为 USB 接口，该接口用于存档、

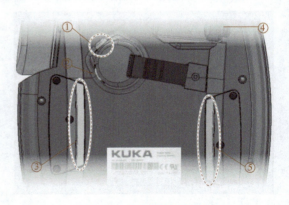

图 1-19　示教器背面按键

要求为 FAT32 格式。

3. 状态显示编辑栏

接通机器人控制柜电源将会同时起动机器人和示教器，在示教器触摸屏的顶端会有一条状态显示编辑栏，如图 1-20 所示。这里着重讲述"S""I""R"和"T1"状态显示的意义。

图 1-20　状态显示编辑栏

"S"：程序整体状态，包含被取消、停止和运行。

"I"：装置准备情况，需要控制"确认开关"来让装置准备就绪，程序才能正常运行。

"R"：程序内部运行状态，灰色代表没有选定工作程序，黄色代表句子指针位于选定工作程序的第一行，绿色代表工作程序正在运行，红色代表选定并启动了的工作程序停止，黑色代表句子指针位于选定工作程序的最后一行。

"T1"：显示运行模式，转动 KCP 上连接管理器的开关，运行模式在"T1""T2""AUT"和"EXT"之间切换，如图 1-21 所示。其中，"T1"代表手动慢速运行，程序执行时的最大速度为 250mm/s，手动运行时的最大速度也为 250mm/s，用于测试运行、编程和示教；"T2"代表手动快速运行，程序执行时的速度等于编程设定的速度，手动运行是无法进行的，用于测试运行；"AUT"代表自动运行，程序执行时的速度等于编程设定的速度，手动运行是无法进行的，用于不带上级控制系统的工业机器人；"EXT"代表外部自动运行，程序执行时的速度等于编程设定的速度，手动运行是无法进行的，用于带上级控制系统的工业机器人。

图 1-21　运行模式

4. 信息窗口和信息提示计数器

图 1-22 所示为信息窗口和信息提示计数器。①为信息窗口，显示当前信息提示；②为信息提示计数器，每种信息提示类型的信息提示数。

图 1-22　信息窗口和信息提示计数器

控制员与操作员的通信通过信息窗口显示,其中有五种信息提示类型,见表1-3。

表1-3 信息提示类型

图标	类型
	确认信息 用于显示需操作员确认才能继续处理机器人程序的状态。如"确认紧急停止" 确认信息始终引发机器人停止或抑制其起动
	状态信息 状态信息报告控制器的当前状态,如"紧急停止" 只要这种状态存在,状态信息便无法被确认
	提示信息 提示信息提供有关正确操作机器人的信息,如"需要启动键" 提示信息可被确认,只要它们不使控制器停止,则无须确认
	等待信息 等待信息说明控制器在等待哪一事件(状态、信号或事件)
	指令"模拟"只允许在能够排除碰撞和其他危险的情况下使用
	对话信息 对话信息用于操作员的直接通信/问询 系统将出现一个含各种按键的信息窗口,用这些按键可给出各种不同的回答

信息会影响机器人的功能,确认信息始终引发机器人停止或抑制其起动。为了使机器人运动,首先必须对信息予以确认。

信息提示中包含日期和时间,以便为研究相关事件提供准确的时间,如图1-23所示。

图1-23 提示信息概览

观察和确认提示信息的操作步骤如下:
1)触摸信息窗口,以展开信息提示列表。
2)用"OK"软键来对各条提示信息逐条进行确认,或者用"全部OK"软键③来对所有信息提示进行确认。
3)触摸一下最上边的一条提示信息或单击屏幕左侧边缘上的"X"软键关闭信息提示列表。

四、机器人坐标系的含义

KUKA工业机器人坐标系如图1-24所示。

1)BASE(基坐标系):位置可自由定义的坐标系,一般原点在已加工工件上,表明基坐标在世界坐标系中的位置。

2）TOOL（工具坐标系）：位置可自由定义的坐标系，一般原点在工具上，坐标系的原点称为"TCP"，即工具中心点。

3）WORLD（世界坐标系）：位置可自由定义的坐标系，一般原点位于机器人足部，也可以从机器人底部"向外移出"。

4）FLANGE（法兰坐标系）：位置固定于机器人法兰上，原点为机器人法兰中心。

五、KUKA 工业机器人操作注意事项

机器人系统必须始终装备相应的安全设备，如隔离防护装置（防护栅、门等）、紧急停止按键和轴范围限制装置等。在安全防护装

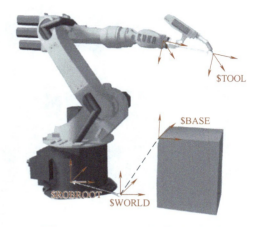

图 1-24　KUKA 工业机器人坐标系

置功能不完善的情况下，机器人系统可能会导致人员伤害或财产损失。在安全防护装置被拆下或关闭的情况下，不允许运行机器人系统。

即使在机器人控制系统已关断且已进行安全防护的情况下，仍应考虑机器人系统可能进行的运动。错误的安装或机械性损坏会导致机器人或附加轴向下沉降。如果要在已关断的机器人系统上作业，必须先将机器人及附加轴运行至一个在有无负载的情况下都不会自动运行的状态。如果没有这种可能，则必须对机器人及附加轴做相应的安全防护。

机器人系统出现故障时，操作注意事项如下：

1）关断机器人控制系统并做好保护，防止未经许可的重启。

2）通过相应提示的铭牌表明故障状态。

3）对故障进行记录。

4）排除故障并进行功能检查。

现场编程时，操作注意事项如下：

1）编程时，不允许任何人在机器人控制系统的危险区域内逗留。

2）若必须进入系统危险区域，则必须采取安全措施。

3）新程序必须在手动慢速运行模式下进行测试。

4）若不需要驱动装置，为防止误起动，应将其关闭。

5）工具、机器人或附加轴不出现运行碰撞现象，不能伸出隔离栏。

6）禁止乱放示教器，防止非编程人员误触。

项目实施

手动操作机器人的运动可以在示教器的键盘上进行，也可以在示教器的 6D 鼠标上进行，两种方式操作效果相同，6D 鼠标的操作比键盘操作更灵活一些。

机器人的手动运行有两种方式：

（1）与轴相关的运行　每个轴均可独立地沿正向或反向运行，如图 1-25 所示。

（2）笛卡儿坐标式运行　TCP 沿着一个坐标系的轴正向或反向运行，如图 1-26 所示，包括沿坐标系 X、Y、Z 轴方向的平移以及环绕坐标系 X、Y、Z 轴转动的角度 A、B、C。

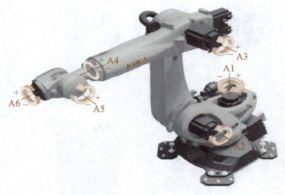
图1-25 机器人各关节运动
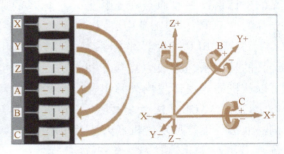
图1-26 机器人各轴运动

任务一　轴坐标系下KUKA工业机器人手动操作

一、运行模式

转动示教器上连接管理开关至锁紧位置，如图1-27所示，连接管理器随机显示运行模式（图1-21），选择"T1"模式，再将示教器上连接管理开关转动至开锁位置（初始位置），所选择的运行模式会显示在示教界面的状态栏中，如图1-20所示。

工业机器人的运动可以是连续的，也可以是步进的，通常情况下选择连续的。单击示教界面右上角的"∞"软键，弹出运行模式选择对话框，如图1-28所示，选择"持续的"。

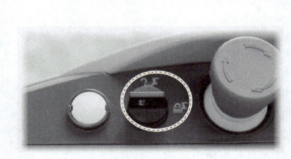
图1-27 连接管理器

图1-28 运行模式选择

二、速度设定

工业机器人运动速度的设定有如下两种方式：

1）单击示教界面右下角手形软键 右侧的"+"或"-"软键，设定机器人的运动速度，速度大小显示在示教界面上端（图1-20）的速度信息栏。

2）单击示教界面上端速度信息栏中手形软键 ，弹出如图1-29所示的速度设定对话框，进行速度设定。

三、轴坐标系下机器人的运动

工业机器人围绕单关节轴转动的操作步骤如下：

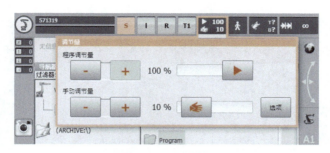

图1-29 速度设定

1）按图1-21所示选择T1运行模式，按图1-29所示设置合适的速度。

2）单击示教界面右上方"按键窗口"中坐标模式选择软键，如图1-30所示，单击"轴"软键。

3）将确认开关调至中间档位并保持，如图1-19所示，图1-20所示状态栏运行键的文字说明为绿色。

4）在示教器上的运行键旁将显示轴A1～A6，如图1-31所示。按其右侧的"+"或"-"移动键，使工业机器人的A1～A6轴沿正向或负向转动，参考运动示意图见表1-4，请读者进一步理解各个轴坐标系的方向以及右手定则的使用。

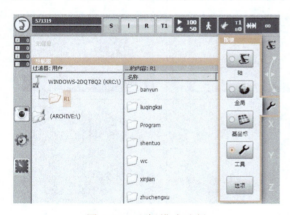

图1-30 坐标模式选择

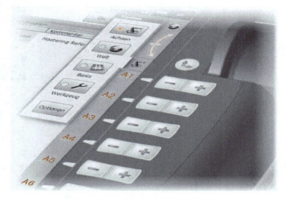

图1-31 按运行键运行机器人

表1-4 轴坐标系下机器人的运动

轴 \ 方式	"+"方向	原始位置	"-"方向
A1			

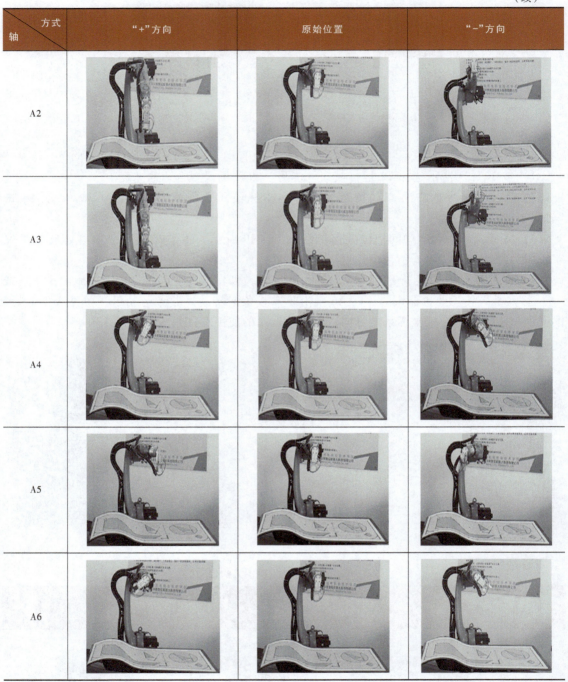

(续)

方式 轴	"+"方向	原始位置	"-"方向
A2			
A3			
A4			
A5			
A6			

任务二 世界坐标系下 KUKA 工业机器人手动操作

工业机器人可以多关节轴联动完成机器人 TCP 运动。机器人 TCP 在世界坐标系中的移动如图 1-32 所示。

收到移动键运行指令，控制器先计算一行程段。该行程段的起点是工具中心点（TCP），行程段的方向由世界坐标系给定，控制器控制所有轴相应的运动，使工具沿该行程段平动或转动。

一、移动键盘操作步骤

1）按图 1-21 所示选择 T1 运行模式，按图 1-29 所示设置合适的速度。

2）单击示教界面右上方"按键窗口"中坐标模式选择软键，如图 1-30 所示，单击"全局"软键。

3）将确认开关调至中间档位并保持，如图 1-19 所示，图 1-20 所示状态栏运行键的文字说明为绿色。

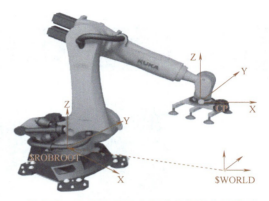

图 1-32　机器人 TCP 在世界坐标系中的移动

4）按示教界面右侧 X、Y、Z、A、B、C 轴右侧的"+"或"-"移动键，如图 1-31 所示，观察在世界坐标系下工业机器人的运动，参考运动示意图见表 1-5，请读者进一步理解世界坐标系的方向以及右手定则的使用。

表 1-5　世界坐标系下机器人的运动

轴 \ 方式	"+"方向	原始位置	"-"方向
X			
Y			
Z			

(续)

轴 \ 方式	"+"方向	原始位置	"-"方向
A	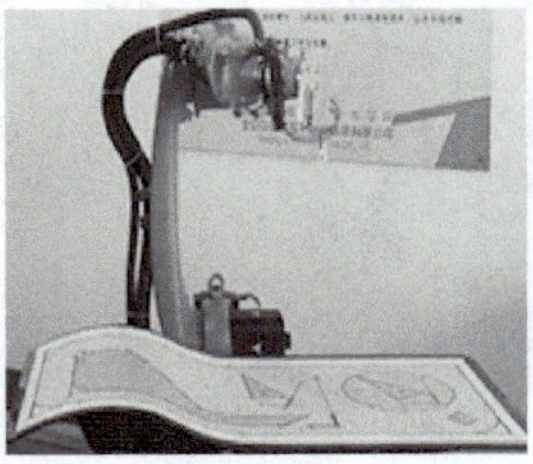	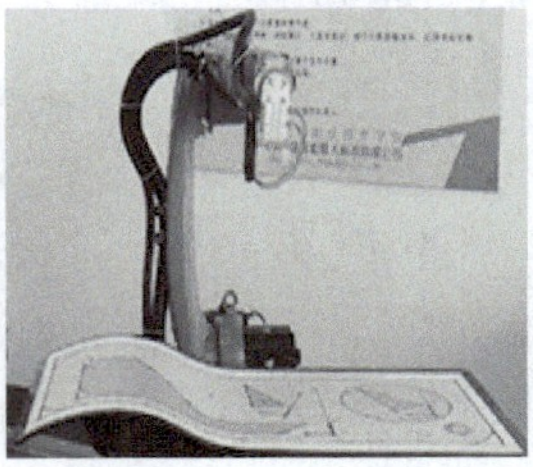	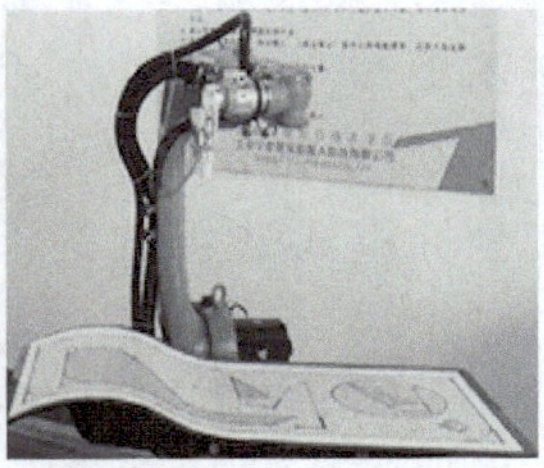
B	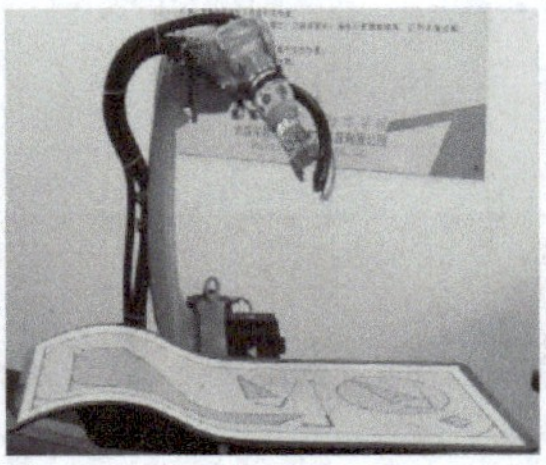	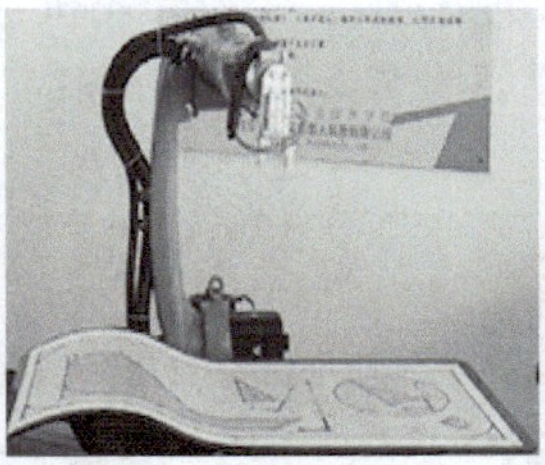	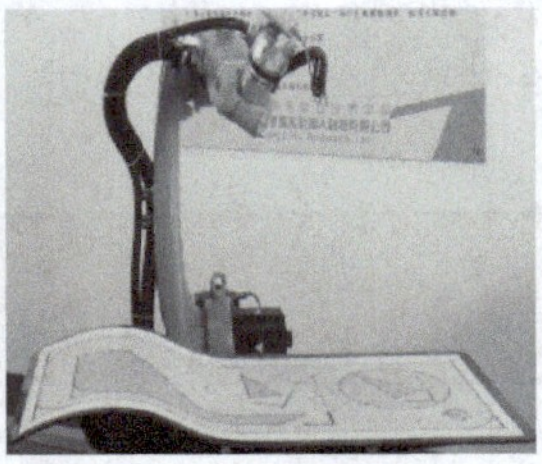
C	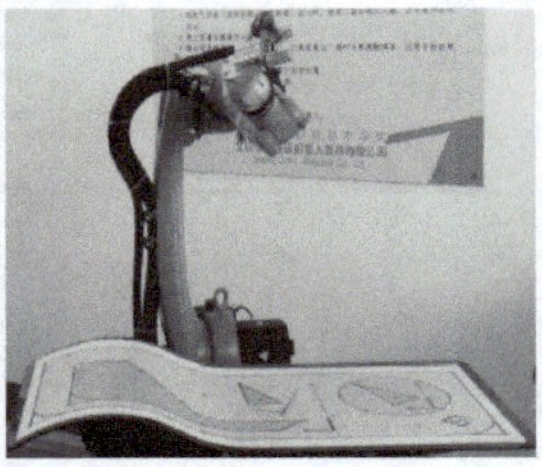	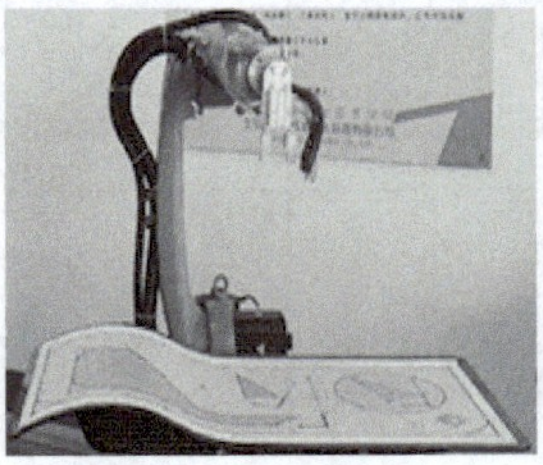	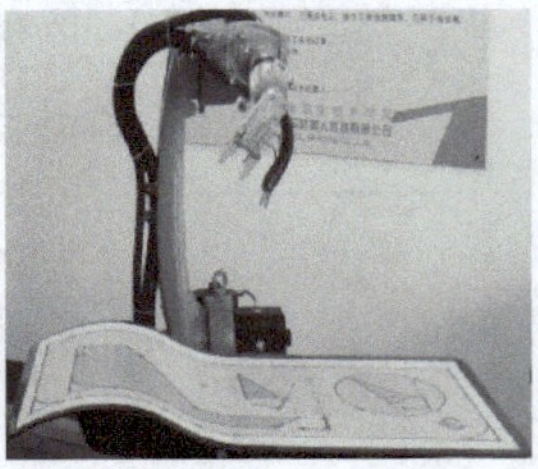

二、6D 鼠标操作步骤

1）按图 1-21 所示选择 T1 运行模式，按图 1-29 所示设置合适的速度。

2）单击示教界面右上方"鼠标窗口"中坐标模式选择软键，如图 1-33 所示，单击"全局"软键。

3）将确认开关调至中间档位并保持，如图 1-19 所示，图 1-20 所示状态栏运行键的文字说明为绿色。

4）如图 1-34 所示，用 6D 鼠标将机器人朝所需方向移动，观察在世界坐标系下工业机器人的运动，参考运动示意图见表 1-5，请读者进一步理解世界坐标系的方向以及右手定则的使用。

图 1-33 坐标模式选择　　　　　　　　图 1-34 6D 鼠标操作示意图

任务三　工具坐标系下 KUKA 工业机器人手动操作

机器人气爪工具坐标系如图 1-35 所示，在工具坐标系中手动移动时，可根据已测气爪工具坐标系的坐标方向移动机器人。在移动过程中，所需要的机器人轴也会自行运动，哪些轴会自行运动由系统决定，并因运动情况不同而异。

工具坐标系的原点称为 TCP，并与工具的工作点相对应。

图 1-35 机器人气爪工具坐标系

手动移动时，未经测量的工具坐标系始终等于法兰坐标系，如图 1-36 所示。

图 1-36 法兰坐标系

一、移动键盘操作步骤

1) 按图 1-21 所示选择 T1 运行模式，按图 1-29 所示设置合适的速度。

2) 单击示教界面右上方"按键窗口"中坐标模式选择软键，如图 1-30 所示，单击"工具"软键。

3) 单击示教界面右上方工具图形软键，弹出工具和基坐标选择对话框，如图 1-37 所示。在"工具选择"下拉列表中选择所需工具坐标，其他各项选择采用默认值。

4) 将确认开关调至中间档位并保持，如图 1-19 所示，图 1-20 所示状态栏运行键的文字说明为绿色。

5) 按示教界面右侧 X、Y、Z、A、B、C 轴右侧的 "+" 或 "-" 移动键，观察在工具坐标系下工业机器人的运动，参考运动示意图见表 1-6，请读者进一步理解工具坐标系的方向以及右手定则的使用。

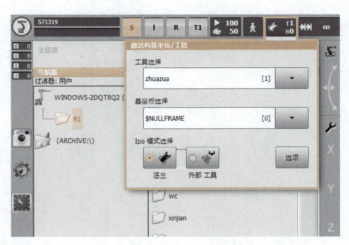

图 1-37 工具和基坐标选择

二、6D 鼠标操作步骤

1) 按图 1-21 所示选择 T1 运行模式，按图 1-29 所示设置合适的速度。

表 1-6 工具坐标系下机器人的运动

方式 轴	"+"方向	原始位置	"-"方向
X			
Y			

（续）

方式轴	"+"方向	原始位置	"-"方向
Z			
A			
B			
C			

2）单击示教界面右上方"鼠标窗口"中坐标模式选择软键，如图1-33所示，单击"工具"软键。

3）将确认开关调至中间档位并保持，如图1-19所示，图1-20所示状态栏运行键的文字说明为绿色。

4）如图1-38所示，用6D鼠标将机器人朝所需方向移动，观察在工具坐标系下工业机器人的运动，参考运动示意图见表1-6，请读者进一步理解工具坐标系方向以及右手定则的使用。

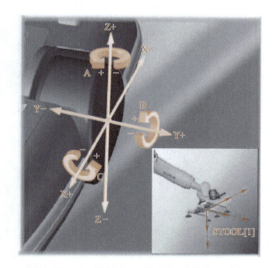

图1-38 6D鼠标与工具坐标系操作示意图

任务四 基坐标系下 KUKA 工业机器人手动操作

机器人 TCP 可以根据基坐标系坐标方向运动,如图 1-39 所示。

基坐标可以被单个测量,并可以经常沿工件边沿、工件支座或者货盘调整姿态。

TCP 在基坐标系中移动时,所需要的机器人轴也会自行运动,哪些轴会自行运动由系统决定,并因运动情况不同而异。

一、移动键盘操作步骤

1) 按图 1-21 所示选择 T1 运行模式,按图 1-29 所示设置合适的速度。

2) 单击示教界面右上方"按键窗口"中坐标模式选择软键,如图 1-30 所示,单击"基坐标"软键。

3) 单击示教界面右上方工具图形软键,弹出工具和基坐标选择对话框,如图 1-37 所示,在"工具选择"和"基坐标选择"下拉列表中选择所需工具坐标和基坐标,其他各项选择采用默认值。

4) 将确认开关调至中间档位并保持,如图 1-19 所示,图 1-20 所示状态栏运行键的文字说明为绿色。

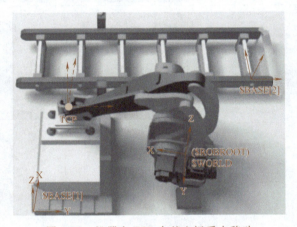

图 1-39 机器人 TCP 在基坐标系中移动

5) 按示教界面右侧 X、Y、Z、A、B、C 轴右侧的"+"或"-"移动键,观察在基坐标系下工业机器人的运动,参考运动示意图见表 1-7,请读者进一步理解基坐标系方向以及右手定则的使用。

表 1-7 基坐标系下机器人的运动

方式 轴	"+"方向	原始位置	"-"方向
X			
Y			

（续）

轴 \ 方式	"+"方向	原始位置	"-"方向
Z	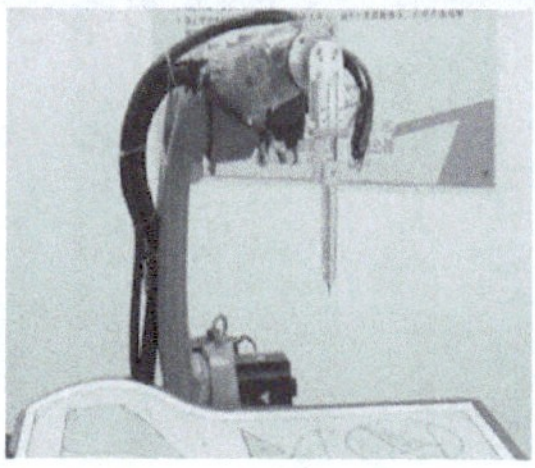	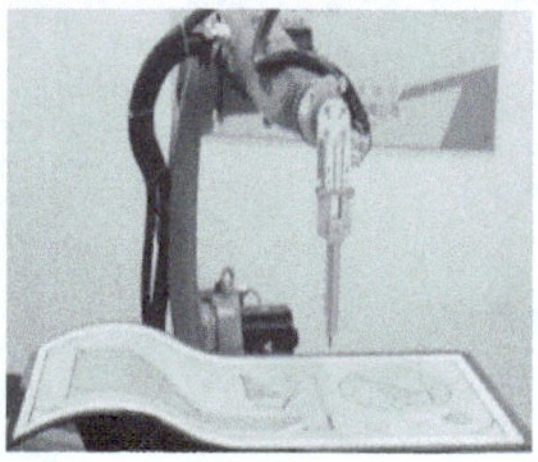	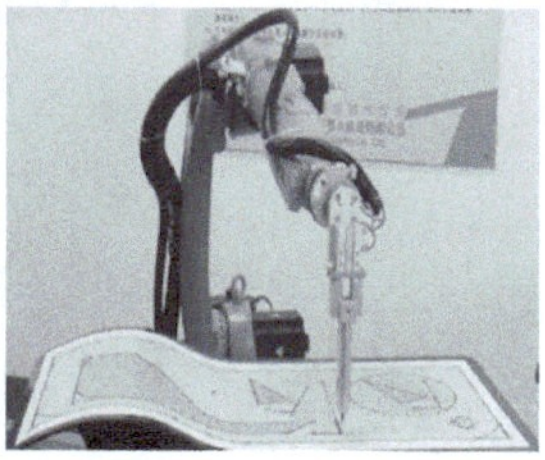
A	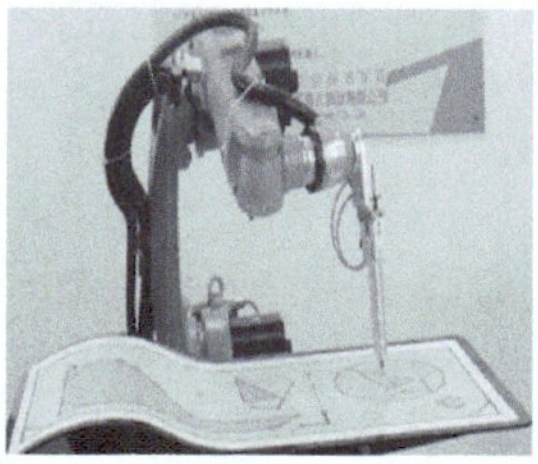	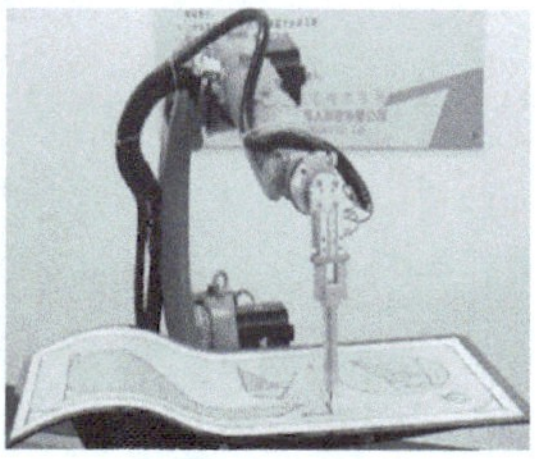	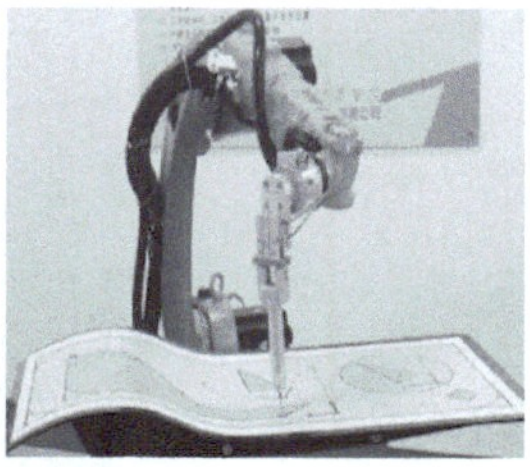
B	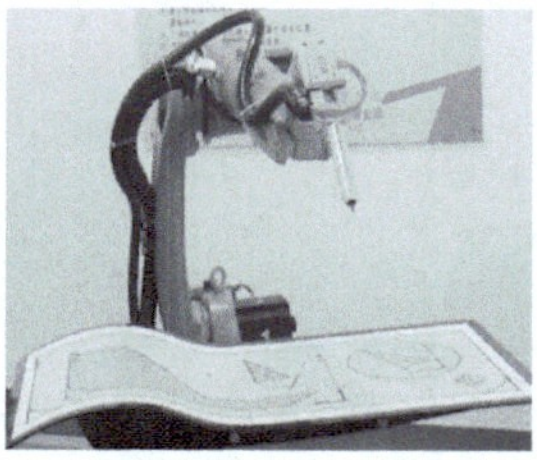	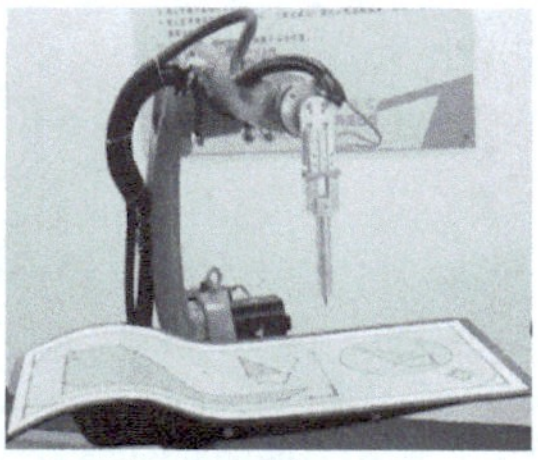	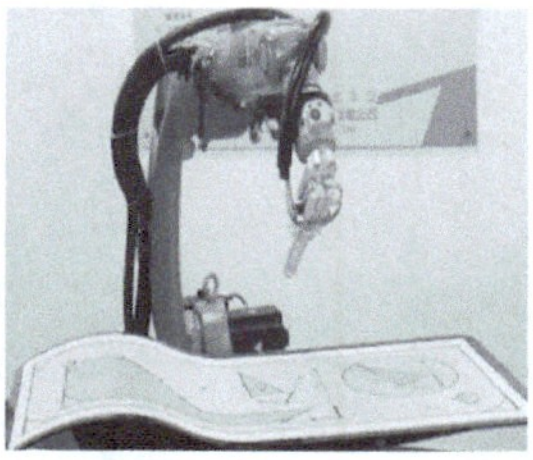
C	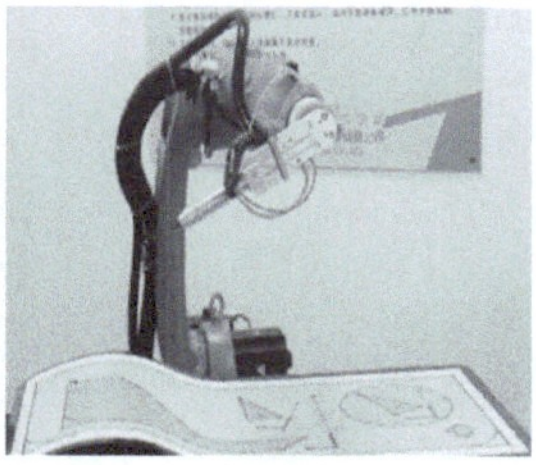	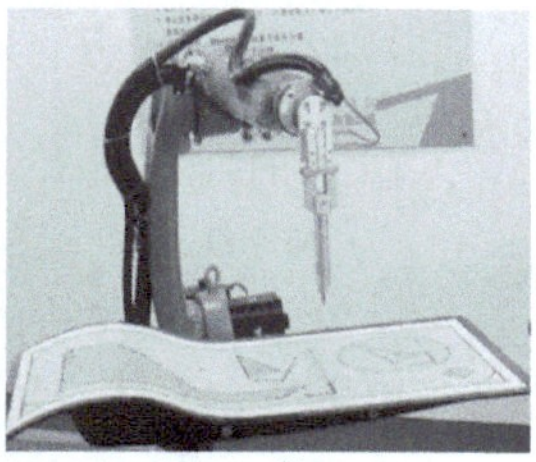	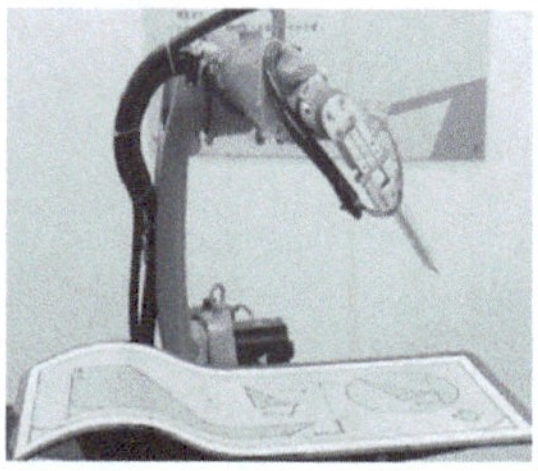

二、6D 鼠标操作步骤

1）按图 1-21 所示选择 T1 运行模式，按图 1-29 所示设置合适的速度。

2）单击示教界面右上方"鼠标窗口"中坐标模式选择软键，如图 1-33 所示，单击"基坐标"软键。

3）将确认开关调至中间档位并保持，如图 1-19 所示，图 1-20 所示状态栏运行键的文字说明为绿色。

4）如图 1-34 所示，用 6D 鼠标将机器人朝所需方向移动，观察在基坐标系下工业机器人的运动，参考运动示意图见表 1-7，请读者进一步理解基坐标系方向以及右手定则的使用。

以上四种坐标系下的手动操作效果可以从表格中图形的对比获知，也可以从示教界面的位置参数中看到。在实际操作中，先单击机器人图标，选择"显示"→"实际位置"，得出如图

1-40所示的机器人位置界面，然后操作机器人运动，则会发现机器人位置参数在不断地变化。

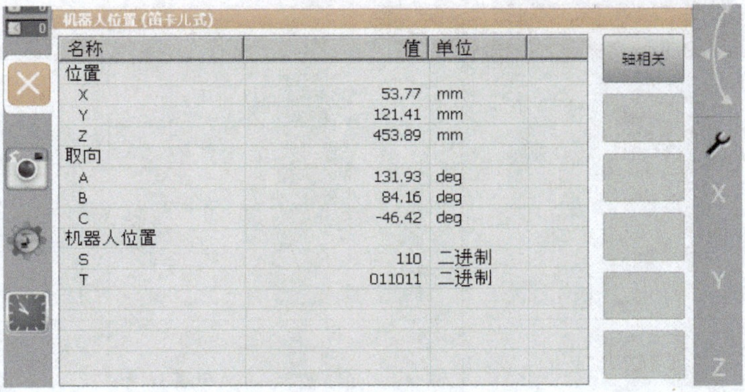

图 1-40 机器人位置
a) 笛卡儿式　b) 与轴相关的

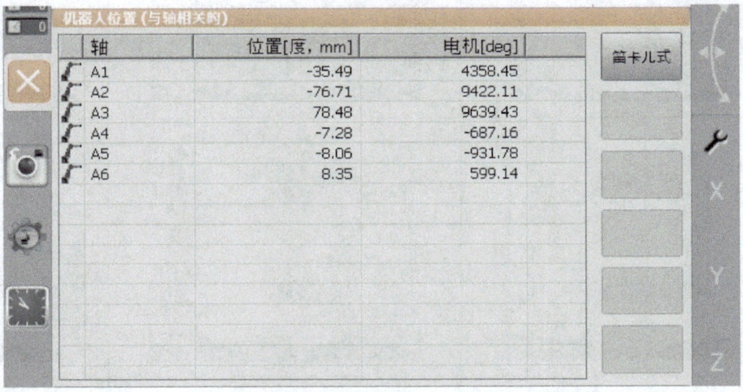

任务五　用外部固定工具手动操作 KUKA 工业机器人

某些生产和加工过程要求机器人操作工件而不是工具，如粘接、焊接等。虽然工具是固定（不运动）对象，但是工具还是一个所属坐标系的工具参照点，该参照点被称为外部TCP，由于这是一个不运动的坐标系，所以可以像基坐标系一样进行管理，并可以作为基坐标存储，运动工件可以作为工具坐标存储。

外部固定工具如图 1-41 所示，以外部固定工具为基准，IPO 模式分为法兰模式和外部工具模式，根据已测外部固定工具坐标系（基坐标系，图 1-42）和弧形板工件坐标系（工具坐标系，图 1-43）的坐标方向手动操作机器人。在移动过程中，所需要的机器人轴也会自行运动，哪些轴会自行运动由系统决定，并因运动情况不同而异。

一、IPO 为法兰模式操作步骤

1) 请另外一人将弧形板夹紧头放在气爪之间，如图 1-44 所示，注意安全。通过机器人主菜单，单击"显示"→"输入/输出端"→"数字输入/输出端"，在弹出的对话框中选择"输出端"页面以及 17 号端口，如图 1-45 所示。将确认开关调至中间档位并保持，如图

1-19所示，图1-20所示状态栏运行键的文字说明为绿色，单击图中"值"软键，则17号端口响应，且气爪夹紧弧形板。

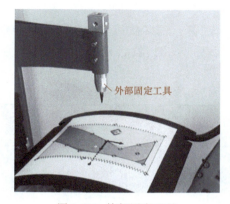

图1-41 外部固定工具

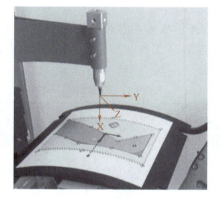

图1-42 外部固定工具坐标系（基坐标系）示意图

2）手动操作机器人至图1-41所示位置。

3）按图1-21所示选择T1运行模式，按图1-29所示设置合适的速度。

4）单击示教界面右上方"按键窗口"中坐标模式选择软键，如图1-30所示，单击"基坐标"软键。

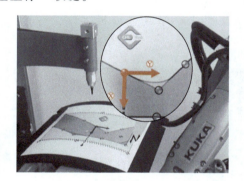

图1-43 弧形板工件坐标系
（工具坐标系）示意图

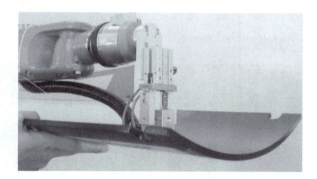

图1-44 弧形板装夹

图1-45 "输出端"页面以及17号端口

5）单击示教界面右上方工具图形软键，弹出工具和基坐标选择对话框，如图1-37所示，在"工具选择"和"基坐标选择"下拉列表框中选择所需工具坐标和基坐标，IPO选择采用默认值（法兰）。

6）将确认开关调至中间档位并保持，如图1-19所示，图1-20所示状态栏运行键的文字说明为绿色。

7）按示教界面右侧Z轴右侧的"+"或"-"移动键，观察在基坐标系（外部固定工具坐标系）下工业机器人的运动，参考运动示意图见表1-8，请读者进一步理解基坐标系（外部固定工具坐标系）的方向。

表1-8 基坐标系（法兰模式、外部固定工具坐标系）下机器人的运动

轴\方式	"+"方向	原始位置	"-"方向
Z		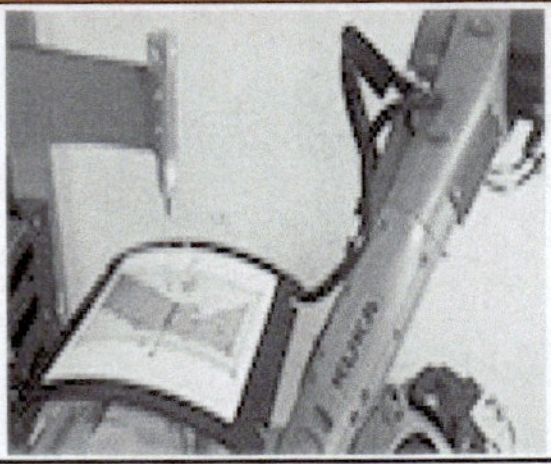	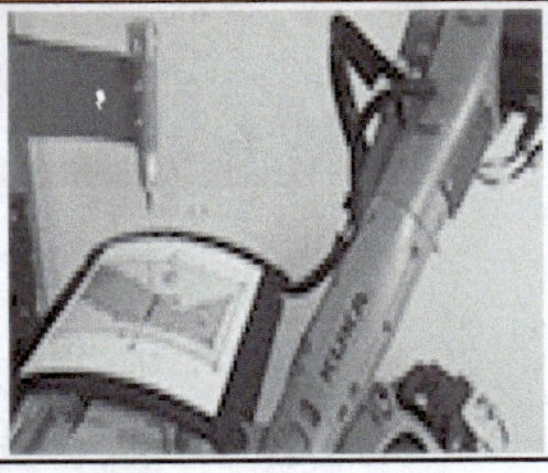

8）单击示教界面右上方"按键窗口"中坐标模式选择软键，如图1-30所示，单击"工具"软键。重复步骤7，观察在工具坐标系（弧形板工件坐标系）下工业机器人的运动，参考运动示意图见表1-9，请读者进一步理解工具坐标系（弧形板工件坐标系）的方向。

表1-9 工具坐标系（法兰模式、弧形板工件坐标系）下机器人的运动

轴\方式	"+"方向	原始位置	"-"方向
X	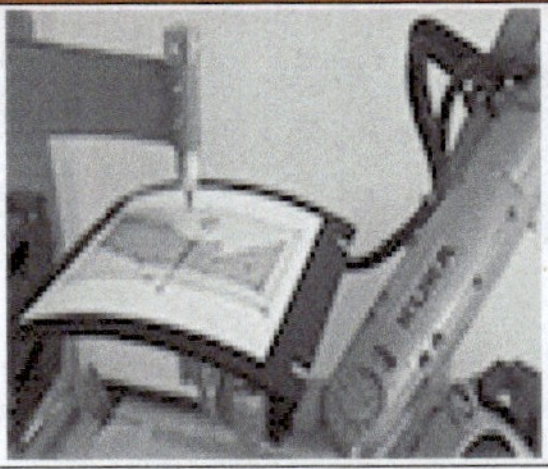		
Y	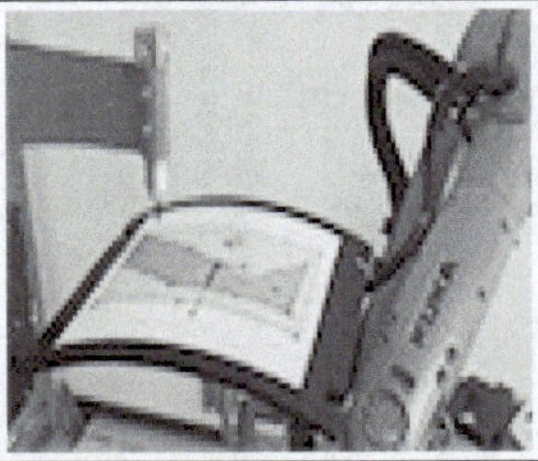		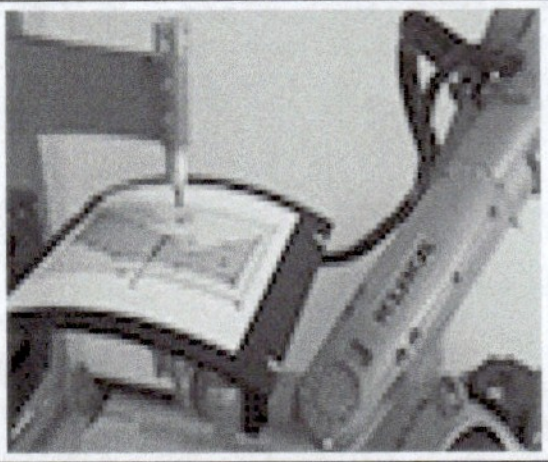
Z		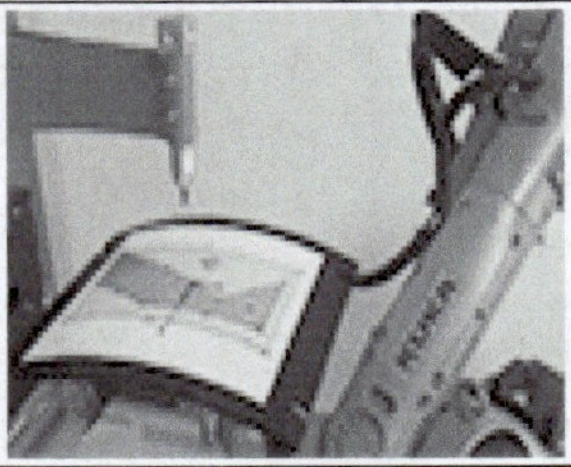	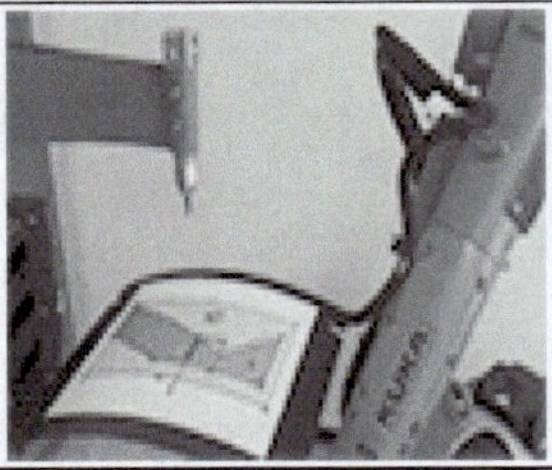

二、IPO 为外部工具模式操作步骤

如图 1-46 所示,将 IPO 模式选择为外部工具,机器人运动以外部固定工具为基准。参照 IPO 为法兰模式下的操作步骤,手动操作机器人,观察在基坐标系(外部固定工具坐标系)和工具坐标系(弧形板工件坐标系)下工业机器人的运动,参考运动示意图分别见表 1-10 和表 1-11,请读者进一步理解基坐标系(外部固定工具坐标系)和工具坐标系(弧形板工件坐标系)的方向。

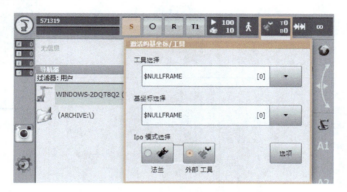

图 1-46 选择 IPO 模式为外部工具

表 1-10 基坐标系(外部工具模式、外部固定工具坐标系)下机器人的运动

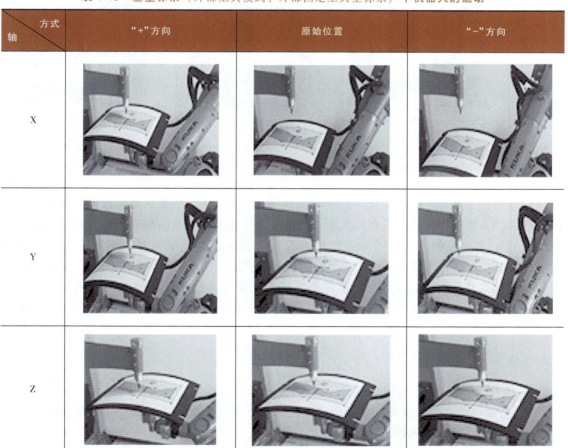

方式 轴	"+"方向	原始位置	"-"方向
X			
Y			
Z			

表 1-11 工具坐标系（外部工具模式、弧形板工件坐标系）下机器人的运动

方式 轴	"+"方向	原始位置	"−"方向
X			
Y			
Z			

项目小结

本项目主要介绍了与工业机器人有关的理论知识和 KUKA 工业机器人手动操作。在基础知识方面，主要介绍了工业机器人的定义和发展历史，工业机器人系统组成及各系统之间的关系，工业机器人的技术参数以及各种分类标准下工业机器人的分类。在应用层面，主要介绍了工业机器人在工业领域的各种应用及发展方向。通过本项目的学习，学生应掌握 KUKA 六轴工业机器人的系统组成、示教器的基本使用、工业机器人安全操作、坐标系概念与选择以及机器人运动形式等，能够在轴坐标系和笛卡儿坐标系（世界坐标系、工具坐标系和基坐标系）下手动操作机器运动，能够用外部固定工具手动操作机器人，并能理解机器人的运动方向。

练习与思考题

1. 填空题

1）按照机器人的技术发展水平，可以将工业机器人分为三代，即_____机器人、_____机器人和_____机器人。

2）1959年，世界上第一台工业机器人_____诞生。
3）工业机器人由_____系统、_____系统、_____系统和_____系统组成。
4）_____研发出世界上首台拥有六个机电驱动轴的工业机器人 FAMULUS。
5）美国 Unimation 公司推出_____标志着工业机器人技术已经完全成熟。

2. 选择题

1）工业机器人具有的四个显著特点是（   ）。
A. 拟人性 　　　　　　　B. 可编程 　　　　　　　C. 通用性
D. 仿人功能 　　　　　　E. 良好的环境交互性

2）按照结构坐标系的特点，工业机器人通常可分为（   ）。
A. 直角坐标机器人 　　　B. 圆柱坐标机器人 　　　C. 球坐标机器人
D. 垂直多关节坐标机器人　E. 平面多关节坐标机器人

3）工业机器人行业的四大家族指的是（   ）。
A. 瑞士 ABB 　　　　　　B. 意大利柯马 Comau 　　C. 日本安川 Motoman
D. 日本松下 Panasonic 　 E. 德国库卡 KUKA 　　　F. 日本发那科 FANUC

3. 判断题

1）工业机器人的自由度数不等于关节数目。　　　　　　　　　　　　　（ ）
2）按驱动方式，工业机器人分为气动机器人、液压机器人和电动机器人。（ ）
3）Unimate 机器人是圆柱坐标机器人的典型代表。　　　　　　　　　　（ ）
4）按用途分，工业机器人主要分为码垛机器人、搬运机器人、喷涂机器人、装配机器人和焊接机器人。　　　　　　　　　　　　　　　　　　　　　　　　　　　　（ ）

4. 简答题

1）简述工业机器人的定义。
2）简述工业机器人的主要应用。
3）简述工业机器人各参数的定义：自由度、重复定位精度、工作空间、最大工作速度和工作载荷。
4）简述 KUKA 工业机器人运行模式。
5）简述与机器人有关的坐标系。
6）简述在工具坐标系与基坐标系下机器人运动的不同。
7）简述外部固定工具与工具坐标系下机器人运动的不同。

项目二
KUKA 工业机器人坐标系测量

工业机器人坐标系测量是工业机器人的基本操作，可为工业机器人运行提供可参考的坐标系。

学习目标

1）了解工业机器人本体结构、环境感知系统以及控制与驱动系统。
2）掌握工业机器人坐标系和示教器相关的操作界面。
3）能安全起动工业机器人，并按照安全操作规程来操作机器人。
4）能进行运动模式、坐标系和运动方式的选择，以及运动速度、基坐标和工具坐标的设置。

项目描述

本项目主要内容：工业机器人本体结构、环境感知系统、控制与驱动系统；手动操作机器人在轴坐标系和世界坐标系下进行工具坐标系测量、基坐标系测量、固定工具测量和机器人引导的工件坐标系测量，为下一步工业机器人示教编程做好技术准备。

知识准备

1. 本体结构

工业机器人本体由机座、手臂、腕部和手部等组成，如图2-1所示。

（1）机座 机座起着支承工业机器人的作用。工业机器人机座可以分为固定式和行走式两种。固定式机座一般直接接地安装，也可以固定在机身上，如图2-2所示。

行走式机座是工业机器人的重要执行部件，一方面它起着支承机器人机身、手臂和腕部等结构的作用，另一方面它还能根据工作需要，扩大机器人工作空间，如图2-3所示。

（2）手臂 手臂由操作机的动力关节和连接杆件等构成，是用于支承和调整手腕和末端执行器位置的部件。工业机器人的手臂由大臂、小臂组成（靠近末端执行器的一节通常称为小臂，靠近机座的一节通常称为大臂），一般具有2~3个自由度，即伸缩、回转或者俯仰。手臂的总质量较大，受力较复杂，直接承受腕部、手部和工具的静、动载荷，在高速运动时将产生较大的惯性力。目前来说机械手的运

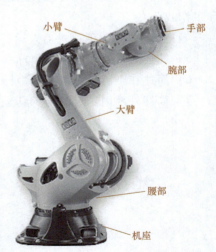

图2-1 工业机器人本体结构

动形式主要有四种，分别为直移型、回转型、俯仰型和屈伸型。这四种是最为常见的，除了这四种基本形式外，还有由这些基本运动组合而成的复合形式。

1) 直移型。这种运动形式的机械手其臂部只具有沿三个直角坐标做直线移动的自由度，即臂部只是做伸缩、升降和平移等运动，它的运动范围图形可以是一条直线、一个矩形平面或一个长方体。这种形式的机械手结构简单，运动直观性强，便于实现一定的精度要求，但其占据的空间较大，相应的工作空间较小，如图2-4所示。

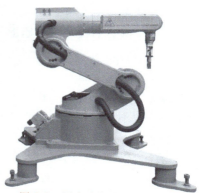

图 2-2　固定式机座工业机器人

图 2-3　行走式机座工业机器人

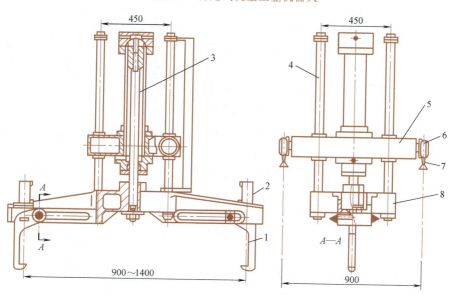

图 2-4　四导向柱式臂部伸缩机构

1—手部　2—夹紧缸　3—油缸　4—导向柱　5—运行架　6—行走车轮　7—轨道　8—支座

2) 回转型。这种运动形式的机械手其臂部均具有水平回转自由度，此自由度与臂部的伸缩和升降两个自由度组合成一个完整的回转型机械手。它的运动范围图形视其自由度的不同可以是一个圆弧曲线、一个扇形平面、一个圆柱面或一个空心圆柱体。其特征轮廓为圆，特征运动为回转，因此为方便起见称之为回转型。图 2-5 所示为双臂型回转型手臂。

回转型机械手与直移型机械手相比，保持了运动直观性较强的优点，同时所占空间更小，结构更紧凑，工作空间更广，是目前应用较多的一种形式。但是，这类机械手受升降结构限制，一般不能提取地面上的工件。

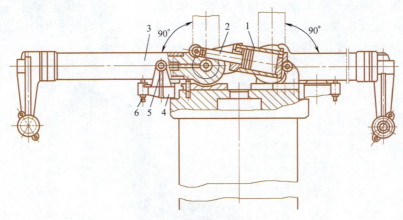

图 2-5　双臂型回转型手臂

1—铰接活塞油缸　2—连杆（即活塞杆）　3—手臂（即曲杆）　4—支承架　5、6—定位螺钉

3) 俯仰型。这种运动形式的机械手其臂部除了具有水平回转自由度外，还具有臂部俯仰自由度，这两个自由度与臂部伸缩自由度组成一个完整的俯仰型机械手。它的运动范围图形为一空心圆球，特征运动为俯仰，因此为方便起见称之为俯仰型。通常将只具有臂部俯仰而无臂部回转自由度的机械手称为俯仰型，因为其结构与俯仰型接近，如图 2-6 所示。

俯仰型机械手与回转型机械手相比，在占有同样大小空间的情况下，可扩大工作空间，能将臂部伸向地面完成从地面提取工件的任务。其不足之处是：运动直观性差，结构较复杂，臂部有两个回转运动，它们引起的臂部的端部位置误差会随着臂部伸长而放大。

4) 屈伸型。这种运动形式的机械手其臂部有大臂和小臂两部分，除了大臂具有水平回转和俯仰自由度外，小臂相对大臂还有一个俯仰运动。从形态上看，小臂相对大臂做屈伸运动，根据此特征称之为屈伸型，它的运动范围图形为球体。

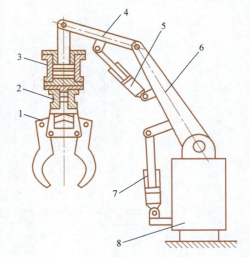

图 2-6　臂部俯仰运动机构

1—手部　2—夹紧缸　3—升降缸　4—小臂
5、7—摆动油缸　6—大臂　8—立柱

屈伸型机械手具有与人体上肢更类似的结构，可以在以臂部最大伸展长度为半径的球体范围内提取工件，灵活性很大；与其他类型相比，占有空间最小，工作空间最大，而且可以绕过障碍

物提取工件；但其运动直观性更差，臂部前端位置是由几个转角确定的，因此要达到较高的位置精度时，需要较复杂的设计与制造。

（3）腕部　腕部是机器人的小臂与末端执行器（手部或称手爪）之间的连接部件，其作用是利用自身的自由度确定手部的空间姿态。对于一般的机器人，与手部相连接的手腕都具有独驱自转的功能，若手腕能在空间取任意方位，那么与之相连的手部就可在空间取任意姿态，即达到完全灵活。

从驱动方式看，手腕一般有两种形式：远程驱动和直接驱动。直接驱动是指驱动器安装在手腕运动关节的附近直接驱动关节运动，因而传动路线短，传动刚度好，但腕部的尺寸和质量大，惯量大。远程驱动方式的驱动器安装在机器人的大臂、机座或小臂远端上，通过连杆、链条或其他传动机构间接驱动腕部关节运动，因而手腕的结构紧凑，尺寸和质量小，对改善机器人的整体动态性能有好处，但传动设计复杂，传动刚度也降低了。

按转动特点的不同，用于手腕关节的转动又可细分为滚转和弯转两种。滚转是指组成关节的两个零件自身的几何回转中心和相对运动的回转轴线重合，因而能实现360°无障碍旋转的关节运动。弯转是指两个零件的几何回转中心和其相对转动轴线垂直的关节运动。由于受到结构的限制，其相对转动角度一般小于360°。腕部转动如图2-7所示。

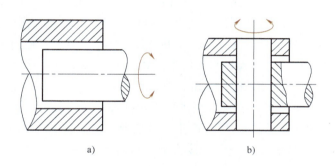

图 2-7　腕部转动
a）滚转　b）弯转

手腕按自由度个数可分为单自由度手腕、两自由度手腕和三自由度手腕。

腕部实际需要的自由度数目应根据机器人的工作性能要求来确定。在有些情况下，腕部具有两个自由度，即翻转和俯仰或翻转和偏转。一些专用机械手甚至没有腕部，但有些腕部为了满足特殊要求还有横向移动自由度。

1）单自由度手腕，如图2-8所示。图2-8a所示为一种翻转（Roll）关节（简称R关节），它把手臂纵轴线和手腕关节轴线构成共轴形式。这种R关节旋转角度大，可达到360°以上。图2-8b、c所示为一种折曲（Bend）关节（简称B关节），关节轴线与前后两个连接件的轴线相垂直。这种B关节因为受到结构上的干涉，旋转角度小，大大限制了方向角。图2-8d所示为移动关节。

2）两自由度手腕，如图2-9所示。两自由度手腕可以由一个R关节和一个B关节组成BR手腕（图2-9a），也可以由两个B关节组成BB手腕（图2-9b）。但是不能由两个R关节组成RR手腕，因为两个R关节共轴线，所以减少了一个自由度，实际只构成了单自由度手腕（图2-9c）。

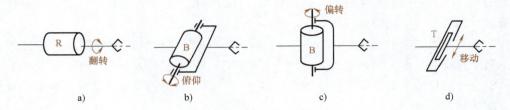

图 2-8 回转油缸直接驱动的单自由度手腕

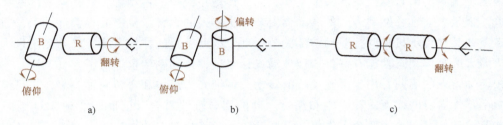

图 2-9 两自由度手腕

3）三自由度手腕，如图 2-10 所示。三自由度手腕可以由 B 关节和 R 关节组成许多种形式。图 2-10a 所示为常见的 BBR 手腕，使手部具有俯仰、偏转和翻转运动，即 RPY 运动。图 2-10b 所示为一个 B 关节和两个 R 关节组成的 BRR 手腕。为了不使自由度退化，使手部产生 RPY 运动，第一个 R 关节必须进行如图所示的偏置。图 2-10c 所示为三个 R 关节组成的 RRR 手腕，它也可以实现手部 RPY 运动。图 2-10d 所示为 BBB 手腕，很明显，它已退化为两自由度手腕，只有 PY 运动，实际应用中不采用这种手腕。此外，B 关节和 R 关节排列的次序不同，也会产生不同的效果，同时产生了其他形式的三自由度手腕。为了使手腕结构紧凑，通常把两个 B 关节安装在一个十字接头上，这对于 BBR 手腕来说，大大减小了手腕的纵向尺寸。

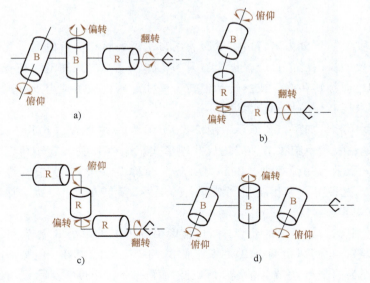

图 2-10 三自由度手腕

（4）手部　工业机器人手部也称为末端操作器，直接装在工业机器人手腕上，用于夹持工件或让工具按照规定程序完成指定工作。

1）手部的特点。手部与手腕有机械接口，也可能有电、气、液接头。当作业对象不同时，手部可以方便地被拆卸和更换。

手部可以像人手那样具有手指，也可以不具备手指；可以是类人的手爪，也可以是进行专业作业的工具，如装在机器人手腕上的喷漆枪、焊接工具等。

手部的通用性比较差，通常是专用的装置，如一种手爪往往只能抓握一种或几种在形状、尺寸、重量等方面相近似的工件，一种工具只能执行一种作业任务。

手部是一个独立的部件。假如把手腕归属于手臂，那么机器人机械系统的三大件就是机身、手臂和手部（末端执行器）。手部对于整个工业机器人来说是完成作业好坏以及作业柔性好坏的关键部件之一，具有复杂感知能力的智能手爪的出现增加了工业机器人作业的灵活性和可靠性。

2）手部的分类。按用途分类，手部可分为手爪和工具。手爪具有一定的通用性，它的主要功能是抓住工件、握持工件和释放工件。

① 抓住。在给定的目标位置和期望姿态上抓住工件，工件在手爪内必须具有可靠的定位，保持工件与手爪之间准确的相对位姿，并保证机器人后续作业的准确性。

② 握持。确保工件在搬运过程中或零件在装配过程中定义了的位置和姿态的准确性。

③ 释放。在指定点上除去手爪和工件之间的约束关系。

按夹持原理分类，手爪可分为机械手爪、磁力吸盘和真空吸盘，如图 2-11 所示。

机械手爪是目前应用最广泛的手部形式，主要利用开闭的机械结构来实现特定物体的抓取，可见于多种生产线机器人中。其主要组成部分是手指，利用手指的相对运动就可以抓取物体。多数机械手爪只有两个手指，有时也使用像自定心卡盘式的三指结构，另外还有利用连杆机构使手指形状随手指开闭动作发生一定的变化，如图 2-12 所示。

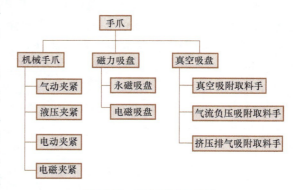

图 2-11　按夹持原理分类

磁力吸盘（图 2-13）是利用电磁铁通电后产生的电磁吸力抓取工件，因此只能对铁磁物体起作用；另外，对某些不允许有剩磁的零件要禁止使用。所以，磁力吸盘的使用有一定的局限性。

真空吸盘是利用吸盘内的压力和大气压之间的压力差工作的。按形成压力差的方法不同，可分为真空吸附取料手、气流负压吸附取料手和挤压排气吸附取料手等。

与钳爪式手部相比，真空吸盘具有结构简单，重量轻，吸附力分布均匀等优点，对于薄片状物体（如板材、纸张、玻璃等物体）的搬运更有其优越性，广泛应用于非金属材料或不可有剩磁的材料吸附。但要求物体表面较平整光滑，无孔无凹槽。

图 2-14 所示为真空吸附取料手，碟形橡胶吸盘 1 通过固定环 2 安装在支承杆 4 上，支

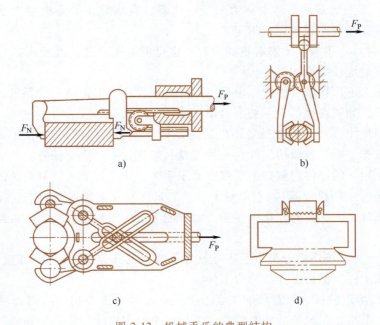

图 2-12 机械手爪的典型结构

a) 齿轮齿条式手爪 b) 拨杆杠杆式手爪 c) 滑槽式手爪 d) 重力式手爪

承杆由螺母 5 固定在基板 6 上。取料时,碟形橡胶吸盘与物体表面接触,橡胶吸盘在边缘既起到密封作用,又起到缓冲作用,然后真空抽气,吸盘内腔形成真空,实施吸附取料。放料时,管路接通大气,失去真空,物体被放下。真空吸附取料工作可靠,吸附力大;但需要有真空系统,成本较高。

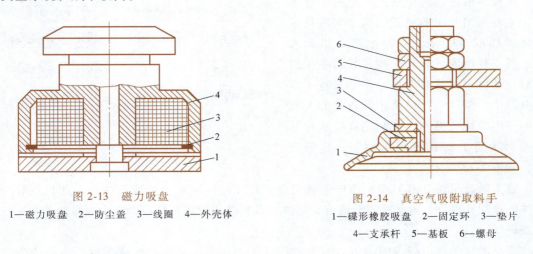

图 2-13 磁力吸盘

1—磁力吸盘 2—防尘盖 3—线圈 4—外壳体

图 2-14 真空气吸附取料手

1—碟形橡胶吸盘 2—固定环 3—垫片 4—支承杆 5—基板 6—螺母

图 2-15 所示为气流负压吸附取料手,利用流体力学原理,当需要取物时,压缩空气高速流经喷嘴时,其出口处的气压低于吸盘腔内的气压,于是腔内气体被高速气流带走而形成负压,完成取物动作,当需要释放时,切断压缩空气即可。这种取料手需要的压缩空气在工厂里较易取得,故成本较低。

图 2-16 所示为挤压排气吸附取料手。其工作原理为:取料时吸盘压紧物体,橡胶吸盘

变形，挤出腔内多余的空气，取料手上升，靠橡胶吸盘的恢复力形成负压，将物体吸住；释放时，压下拉杆 3，使吸盘腔与大气相连通而失去负压。该取料手结构简单，但吸附力小，吸附状态不易长期保持。

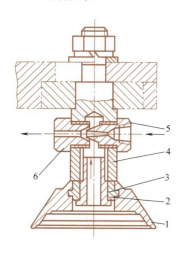 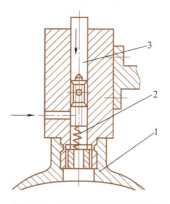

图 2-15　气流负压吸附取料手　　　　　　图 2-16　挤压排气吸附取料手
1—橡胶吸盘　2—心套　3—透气螺钉　　　1—橡胶吸盘　2—弹簧　3—拉杆
4—支承杆　5—喷嘴　6—喷嘴套

工具是进行某种作业的专用工具或专用末端操作器，如喷漆枪、焊具等，如图 2-17 所示。

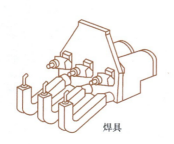 

图 2-17　工业机器人工具

根据作业要求，工业机器人配上各种专用末端操作器后能完成各种动作，如配上焊枪就能进行机器人焊接，配上拧螺母机就能进行机器人装配，图 2-18 中有拧螺母机、焊枪、电磨头、电铣头、抛光头和激光切割机等。由许多专用电动、气动工具改型而成的操作器形成了一整套专用末端供用户选用，使工业机器人能胜任各种工作。

作业时，要求能自动更换不同的末端操作器，就需要工业机器人配置具有快速装卸功能的换接器。换接器由两部分组成：换接器插座和换接器插头，分别装在机器腕部和末端操作器上，能够实现机器人对末端操作器的快速自动更换。作业时，各种末端操作器存放在工具架上，如图 2-19 所示，工业机器人可根据作业要求自行从工具架上接上相应的专用末端操作器。

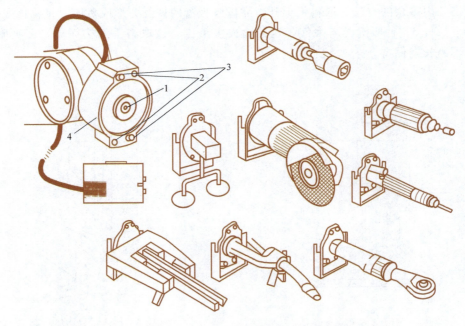

图 2-18 各种专用末端操作器和电磁吸盘式换接器
1—气路接口 2—定位销 3—电接头 4—电磁吸盘

2. 环境感知系统

工业机器人环境感知系统可以概括为视觉、听觉、触觉、嗅觉、味觉、平衡感觉和其他,按用途可分为内部传感器和外部传感器。

内部传感器的功能是测量运动学和力学参数,使机器人能够按照规定的位置、轨迹和速度等参数进行工作,感知自己的状态并加以调整和控制。内部传感器通常由位置传感器、角度传感器、速度传感器和加速度传感器等组成。

外部传感器主要用来检测机器人所处环境及目标状况,如是什么物体,离物体的距离有多远,抓取的物体是否滑落等,从而使机器人能够与环境发生交互作用,并对环境具有自我校正和适应能力。

(1) 机器人接近觉 接近觉主要感知传感器与对象物体之间的接近程度,即需要检测对象物体与传感器之间的距离。接近觉传感器有电磁感应式、光电式、气压式、超声波式、红外式以及微波式等多种类型。

1) 电磁感应式接近觉传感器。电磁感应式接近觉传感器是利用电磁工作原理,用先进的工艺制成的一种位置传感器。它能通过传感器与物体之间的位置关系变化,将非电量或电磁量转化为所希望的电信号,

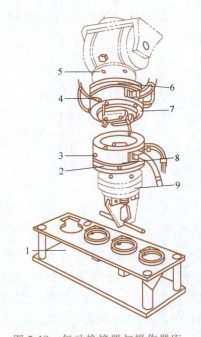

图 2-19 气动换接器与操作器库
1—末端操作器库 2—操作器过渡法兰
3—位置指示灯 4—换接器气路
5—连接法兰 6—过渡法兰
7—换接器 8—换接器配合端
9—末端操作器

从而达到控制或测量的目的。图 2-20 所示为电磁感应式接近开关。

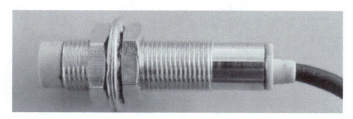

图 2-20　电磁感应式接近开关

2）超声波传感器（图2-21）。超声波传感器是将超声波信号转化成其他能量信号（通常是电信号）的传感器。超声波是振动频率高于 20kHz 的机械波。它具有频率高、波长短、绕射现象小，特别是方向性好、能够成为射线而定向传播等特点。超声波对液体、固体的穿透本领很大，尤其是在不透明的固体中。超声波碰到杂质或分界面会产生显著反射，形成反射回波，碰到活动物体能产生多普勒效应。超声波传感器广泛应用在工业、国防、生物医学等领域。

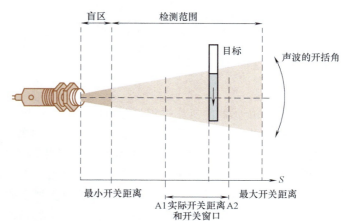

图 2-21　超声波传感器

3）光纤传感器（图 2-22）。光纤传感器的基本工作原理是：将来自光源的光信号经过光纤送入调制器，使待测参数与进入调制区的光相互作用后，导致光的光学性质（如光的强度、波长、频率、相位和偏振态等）发生变化，成为被调制的信号源，再经过光纤送入光探测器，经解调后，获得被测参数。

（2）机器人视觉　视觉传感器是组成智能机器人最重要的传感器之一。目前机器人视觉多数是用电视摄像机和对信号进行处理的运算装置来实现的，由于其主体是计算机，所以又称为计算机视觉。它被广泛应用在生产制造等行业，功能十分强大。机器人视觉技术功能如图 2-23 所示。

图 2-22　光纤传感器

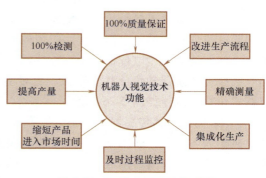

图 2-23　机器人视觉技术功能

视觉系统一般由光源、镜头、摄像机、图像采集卡和机器视觉软件五个部分组成，如图2-24所示。

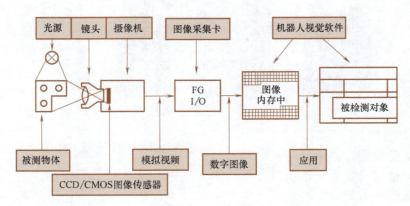

图 2-24　机器人视觉组成

机器人视觉传感器的工作过程可分为四个步骤：检测、分析、绘制和识别。

1）视觉检测就是用机器代替人眼来做测量和判断。视觉检测是指通过机器视觉产品（即图像摄取装置，分 CMOS 和 CCD 两种）将被摄取目标转变成图像信号，传送给专用的图像处理系统，根据像素分布、亮度和颜色等信息，将其转变成数字化信号；图像系统对这些信号进行各种运算来抽取目标的特征，进而根据判别的结果控制现场的设备动作。它是用于生产、装配或包装的有价值的机制。它在检测缺陷和防止缺陷产品被配送到消费者的功能方面具有不可估量的价值。

2）成像图像中的像素含有杂波，而且不是每一个像素都有意义，因此必须进行（预）处理。通过处理消除杂波，把全部像素重新按线段或区域排列成有效像素集合。根据所考虑的对象要求，把不必要的像素除去，把被测图像划分成各组成部分的过程称为分析或分割。

3）机器人视觉传感器的视觉图像绘制是指为了识别而从物体图像中提取特征。理论上这些特征应该与物体的位置和取向无关，并包含足够的绘制信息，以便能唯一地把一个物体从其他物体中鉴别出来。

4）图像识别技术。机器人事先把识别对象的特征信息存储起来，然后将此信息与所看到的物体信息进行比对，即达到让机器人进行图像识别的目的。

(3) 机器人位置及位移传感器

1）电位器式位移传感器。电位器式位移传感器结构简单，性能稳定可靠，精度高，能较方便地选择其输出信号范围。电位器式位移传感器的可动电刷与被测物体相连。物体的位移引起电位器移动端的电阻变化，阻值的变化量反映了位移的量值，阻值的增加还是减小则表明了位移的方向。电位器式位移传感器一般有两种，即直线电位器和圆形电位器，分别用作直线位移传感器和角位移传感器。旋转型电位器式位移传感器如图2-25所示，直线型电位器式位移传感器如图2-26所示。

2）编码式位移传感器——光电编码器。光电编码器是角度（角速度）检测装置，一般装在机器人各关节的转轴上，用来测量各关节转轴转过的角度。通过光电转换，它将输出轴上的机械几何位移量转换成脉冲数字量。因其体积小，精度高，工作可靠等优点，得到广泛应用。

 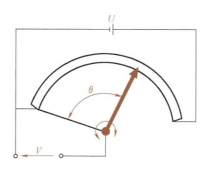

图 2-25 旋转型电位器式位移传感器

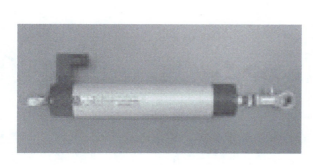 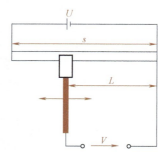

图 2-26 直线型电位器式位移传感器

光电编码器（图 2-27）由光栅盘和光电检测装置组成，常见的光电编码器由光栅盘、发光元件和光敏元件组成。光栅盘随电动机转动，输出脉冲信号。根据旋转方向用计数器对输出脉冲计数，就能确定电动机的位移或转速。

根据其刻度方法及信号输出形式，光电编码器可分为增量式、绝对式和混合式三种。

在透明圆盘上设置 n 条同心圆环，对环带进行二进制编码，如图 2-28 所示的格雷码编码盘，黑（不透光）代表二进制数的 1，白（透光）代表二进制数的 0，码道沿径向具有不同的二进制值。码盘转动，光电元件接收光信号，并转换成相应的数字电信号，如图 2-29 所示。

 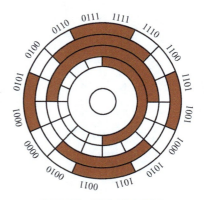

图 2-27 光电编码器　　　　　　图 2-28 格雷码编码盘

（4）机器人触觉　一般触觉包括接触觉、力觉、压觉和滑觉四种，狭义的触觉按字面上来看是指前三种感知接触的感觉，触觉是仅次于视觉的一种重要感知形式。

接触觉：手指与被测物是否接触，接触图形的检测。

力觉：机器人动作时各自由度的力感觉。

压觉：垂直于机器人和对象物接触面上的力感觉。

滑觉：物体向着垂直于手指把握面的方向移动或变形。

触觉传感器的作用：感知操作手指的作用力，使手指动作适当；识别操作物的大小、形状、质量及硬度等；躲避危险，以防碰撞障碍物。

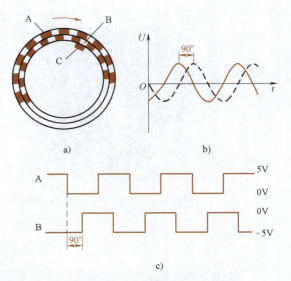

图 2-29　增量式编码器

a）编码盘的结构图　b）A 相、B 相的正弦波
c）A 相、B 相的脉冲数字信号

1）接触觉传感器。当表面作用有超过阈值的压力时，传感器输出一个电信号，可用来确定在手指间是否有零件。它的功能相当于一个开关，输出的是"0"和"1"两种信号。接触觉传感器包括电触点开关、光触点开关、机械开关和磁开关等。图 2-30 所示为接触觉机械手。

2）力觉传感器。力觉是指对机器人的指、肢和关节等运动中所受力的感知，主要包括关节力传感器、腕力传感器和指力传感器等。力矩传感器如图 2-31 所示。

根据力的检测方式不同，力觉传感器可以分为如下几种：

① 检测应变或应力的应变片式。应变片力觉传感器被机器人广泛采用。

② 利用压电效应的压电元件式。

③ 用位移计测量负载产生位移的电容位移计式。

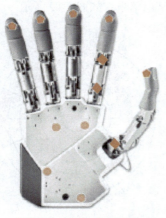

图 2-30　接触觉机械手

图 2-31　力矩传感器

3）压觉传感器。压觉是手指给予被测物的力，或者加在手指上的外力的感觉，实际是接触觉的延伸，用于握力控制与手的支承力的检测。压觉传感器主要是分布式压觉传感器，敏感元件排列成阵列。常用敏感元件有导电橡胶、感应高分子、应变计、光电器件和霍尔元件。现有压觉传感器一般有以下几种：

① 利用某些材料的压阻效应制成压阻器件，将它们密集配置成阵列，即可检测压力的分布。图 2-32 所示为压阻式硅压觉传感器。

② 利用压电晶体的压电效应检测外界压力。

③ 利用半导体压敏器件与信号电路构成集成压敏传感器。

④ 利用压磁传感器和扫描电路与针式接触觉传感器构成压觉传感器。

3. 控制系统与驱动系统

控制系统是工业机器人的重要组成部分，它的功能类似于人脑。工业机器人要与外围的设备协调动作，共同完成作业任务，就必须具备一个功能完善、灵敏可靠的控制系统。工业机器人的控制系统可分为两部分：一部分是对其自身运动的控制，另一部分是对其与周边设备的协调控制。

（1）工业机器人控制系统的特点　多数工业机器人的结构是一个空间开链机构，各

图 2-32　压阻式硅压觉传感器

个关节的运动是独立的。为了实现末端点的运动轨迹，需要各关节运动协调。因此，其控制系统比普通的控制系统复杂，具体表现如下：

1）机器人控制与机构运动学及动力学密切相关。

2）自由度多，一个简单的机器人至少有 3~5 个自由度。

3）机器人控制系统必须是一个计算机控制系统，才能协调控制多个独立的伺服系统。

4）数学模型复杂。仅仅利用位置闭环还不够，还需要利用速度甚至加速度闭环，系统经常使用重力补偿、前馈、解耦或自适应控制等方法。

5）机器人的动作往往可以通过不同的方式和路径来完成，存在"最优"的问题，信息运算量大。

可见，机器人控制系统是一个与运动学和动力学原理相关、有耦合、非线性的多变量控制系统。

（2）工业机器人控制系统的主要功能　工业机器人控制系统的主要作用是根据用户的指令对机器人本体进行操作和控制，完成各种作业。其基本功能如下：

1）记忆功能：存储作业顺序、运动路径、运动方式、运动速度和与生产工艺有关的信息。

2）示教功能，包括离线编程、在线示教和间接示教。在线示教包括示教盒和导引示教两种。

3）与外围设备进行通信。相应的接口包括输入和输出接口、通信接口、网络接口、同步接口。

4）坐标设置功能。用户可在关节、直角、工具等常见坐标系之间进行切换。

5）人机接口，包括示教盒、操作面板、显示屏。

6）传感器接口，包括位置检测、视觉、触觉、力觉等。

7）位置伺服功能，用于机器人多轴联动、运动控制、速度和加速度控制、动态补偿等。

8）故障诊断安全保护功能，用于运行时的系统状态监视、故障状态下的安全保护和故障自诊断。

（3）工业机器人控制系统的组成　图2-33所示为工业机器人控制系统组成框图。从图中可以看出，工业机器人的控制系统包括以下部分：

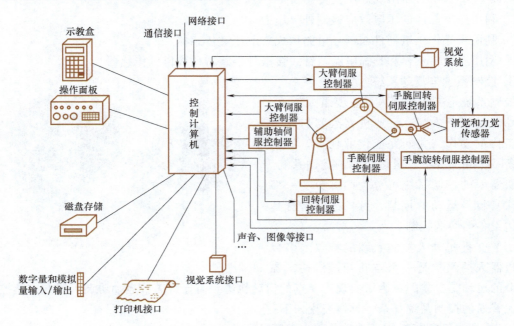

图2-33　工业机器人控制系统组成框图

1）控制计算机：控制系统的调度指挥机构。一般为微型计算机、微处理器，有32位、64位等，如奔腾系列CPU以及其他类型CPU。

2）示教盒：用于示教机器人的工作轨迹和参数设定，以及所有人机交互操作。示教盒拥有独立的CPU以及存储单元，与主计算机之间以串行通信方式实现信息交互。

3）操作面板：由各种操作按键、状态指示灯构成，只完成基本功能操作。

4）磁盘存储：存储机器人工作程序的外围存储器。

5）数字量和模拟量输入/输出：各种状态和控制命令的输入或输出。

6）打印机接口：记录需要输出的各种信息。

7）传感器接口：用于信息的自动检测，实现机器人柔顺控制，一般为力觉、触觉和视觉传感器。

8）轴控制器：完成机器人各关节位置、速度和加速度的控制。

9）辅助设备控制：用于控制与机器人配合的辅助设备，如手爪变位器等。

10）通信接口：实现机器人和其他设备的信息交换，一般有串行接口、并行接口等。

11）网络接口。

① Ethernet接口：可通过以太网实现数台或单台机器人的直接PC通信，数据传输速率高达10Mbit/s，可直接在PC上用Windows库函数进行应用程序编程，支持TCP/IP通信协

议，通过 Ethernet 接口将数据及程序装入各个机器人控制器中。

② Fieldbus 接口。支持多种流行的现场总线规格，如 Devicenet、ABRemoteI/O、Interbus-s、profibus-DP 和 M-NET 等。

从上述机器人控制系统组成部分的描述可以看出，这些基本组成可以归类为硬件和软件两类。其中，硬件主要由以下几部分组成：①传感装置，该类装置用于检测工业机器人各关节的位置、速度和加速度，即感知其本身的状态，称为内部传感器，相对应的外部传感器就是所谓的视觉、力觉、触觉、听觉、滑觉等传感器，它们可以使工业机器人感知工作环境和工作对象的状态；②控制装置，用于处理各种感觉信息，执行控制软件，产生控制指令，一般由一台微型或小型计算机及相应的接口组成；③关节伺服驱动部分，根据控制装置的指令，按作业任务的要求驱动各关节运动。软件部分主要指控制软件，包括运动轨迹规划算法、关节伺服控制算法以及相应的动作程序。控制软件可以用任何程序语言来编制。

（4）工业机器人控制系统的分类　按照不同分类标准，工业机器人控制系统可划分为不同类别。

1）按控制系统的开放程度，工业机器人控制系统可分为封闭型、开放型和混合型。目前应用中的工业机器人控制系统基本上都是封闭型系统（如日系机器人）或混合型系统（如欧系机器人）。

2）按控制系统对工作环境变化的适应程度，工业机器人控制系统可分为程序控制、自适应控制和人工智能控制。在程序控制系统中，给每个自由度施加一定规律的控制作用，机器人就可实现要求的空间轨迹。在自适应控制系统中，当外界条件变化时，为保证所要求的品质或为了随着经验的积累而自行改善控制品质，其过程是基于操作机的状态和伺服误差的观察，再调整非线性模型的参数，直到误差消失为止。这种系统的结构和参数能随时间和条件自动改变。在人工智能控制系统中，事先无法编制运动程序，而是要求在运动过程中根据所获得的周围状态信息，实时确定控制作用。

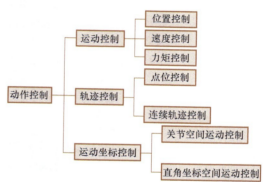

图 2-34　工业机器人动作控制的分类

3）按照控制方式的不同，工业机器人控制系统可分为动作控制和示教再现控制。其中，动作控制的分类如图 2-34 所示。

点位控制和连续轨迹控制的区别如图 2-35 所示。

示教再现控制是工业机器人的一种主流控制。为了让机器人完成某种作业，首先由操作者对机器人进行示教。在示教过程中，机器人将作业顺序、位置、速度等信息存储起来。在执行任务时，机器人根据这些存储的信息再现示教动作。

4）按计算机结构和控制算法处理方法的不同，工业机器人控制系统分为集中式控制和分布式控制。

① 集中式控制即利用一台计算机实现系统的全部控制，早期的机器人常常采用这种结构，如图 2-36 所示。集中式控制器的优点是硬件成本较低，便于信息的采集和分析，易于

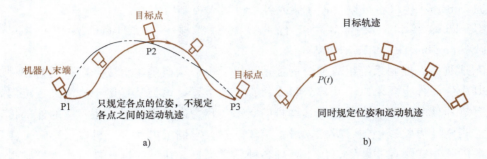

图 2-35 点位控制和连续轨迹控制的区别
a) 点位控制 b) 连续轨迹控制

实现系统的最优控制,整体性与协调性较好,基于 PC 系统的扩展较为方便。但其缺点也很明显:系统控制缺乏灵活性,控制危险容易集中,一旦出现故障,其影响面广,后果严重;大量数据计算会降低系统的实时性,系统对多任务的响应能力也会与系统的实时性相冲突;系统连线复杂,降低了系统的可靠性。

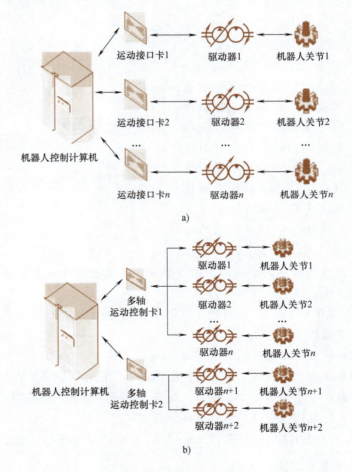

图 2-36 集中式机器人控制系统结构图
a) 使用单独接口卡驱动每一机器人关节 b) 使用多轴运动控制卡驱动多个机器人关节

② 分布式控制的主要思想为"分散控制，集中管理"，即系统对总体目标和任务进行综合协调与分配，并通过子系统的协调完成控制任务，为一个开放、实时、精确的机器人控制系统。分布式控制系统常采用两级控制方式，由上位机和下位机组成，如图2-37所示。上位机负责整个系统管理以及运动学计算、轨迹规划等，下位机由多个CPU组成，每个CPU控制一个关节运动。分布式控制系统的优点在于系统灵活性好，危险性降低，采用多处理器的分散控制，有利于系统功能的并行执行，提高了系统的处理效率，缩短了响应时间。

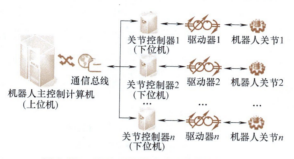

图 2-37　分布式机器人控制系统结构图

（5）工业机器人驱动系统　工业机器人驱动系统是指把从驱动源获得的能量转变成机械能，使机器人各关节工作的装置。按驱动源不同，工业机器人常用驱动系统主要有液压驱动、气动驱动和电气驱动三种基本类型。根据需要，实际应用中可采用此三种中的一种，或采用复合式驱动系统。

1）液压驱动系统。液压驱动系统是指可以把液压能量转变成直线运动、旋转运动或者摆动运动的机械能，从而带动机械做功的系统。一个完整的液压驱动系统主要由以下五部分组成（图2-38）：

① 动力装置。它供给液压系统压力，并将液压源（包括油箱、液压泵、驱动电动机）输出的机械能转化为油液的压力能，从而推动整个液压系统工作。

② 液压执行元件。它包括液压缸（把液压能量变换成直线运动，图2-39）、液压马达（把液压能量变换成连续旋转运动，图2-40）和摆动马达（把液压能量变换成摆动运动），用以将液体的压力能转化为机械能，以驱动工作部件运动。

③ 控制调节装置，包括各种阀类，如压力阀、流量阀和方向阀等，用于控制液压系统的液体压力、流量（流速）和液流的方向，以保证执行元件完成预期的工作运动。

④ 辅助装置，指各种管接头、油管、油箱、过滤器和压力计等。它们起着连接、储油、过滤、储存压力能和测量油压等辅助作用，以保证液压系统可靠、稳定、持久地工作。

⑤ 工作介质。指在液压系统中，承受压力并传递压力的油液。

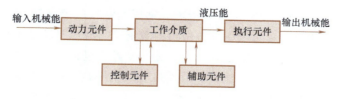

图 2-38　液压驱动系统组成

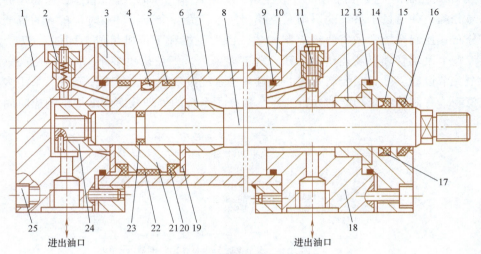

图 2-39 液压缸结构示意图

1—缸底 2—带放气孔的单向阀 3、10—法兰 4—格来密封圈 5—导向环 6—缓冲套 7—缸筒 8—活塞杆
9、13、23—O 型密封圈 11—缓冲节流阀 12—导向套 14—缸盖 15—斯特密封圈 16—防尘圈
17—Y 型密封圈 18—缸头 19—护环 20—Yx 密封圈
21—活塞 22—导向环
24—无杆端缓冲套 25—连接螺钉

从上述液压驱动系统的组成可以看出液压驱动系统的工作原理是：将从液压泵获得压力能量的工作油（高压油）输入液压缸或液压马达，从而把液压能量转化成机械能量来驱动机械做功。在图 2-39 中，高压油从 A 口进入缸体内并推动活塞，排油侧的油通过 B 口排出，活塞两侧产生的压力差使得活塞向前移动；反之，如果从 B 口供油，从 A 口排油，则活塞将向相反方向移动。可见，液压系统的工作原理是执行元件的活塞受液压能量的驱动产生力矩，带动负载运动。

液压驱动功率大，可省去减速装置直接与被驱动的杆件相连，结构紧凑，刚度好，响应

图 2-40 液压马达

快，伺服驱动具有较高的精度。但由于其易产生液体泄漏，不适合高、低温场合，故目前多用于特大功率的机器人系统。

2）气动驱动系统。气动驱动系统是指可以把压缩空气的能量转变成直线运动、旋转运动或者摆动运动的机械能，从而带动机械做功的系统。与液压驱动系统类似，气动驱动系统也由五部分组成（图 2-41）：动力元件（气压发生装置，包括空气压缩机、气罐）、气源处理元件（包括后冷却器、主管路过滤器、干燥机和三联件）、气动执行元件（气缸、气动马达、摆动气缸、气爪和真空吸盘）、辅助元件（消声器、接头与气管等）、控制元件（各类控制阀、调速阀）。

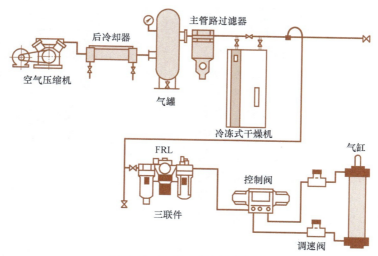

图 2-41　气动驱动系统的构成

图 2-41 中各部分作用如下：
① 空气压缩机：压缩空气，气动系统的动力源。
② 后冷却器：降低空气压缩机产生的压缩空气的温度。
③ 气罐：稳压、储能。
④ 主管路过滤器：过滤压缩空气中的杂质。
⑤ 冷冻式干燥机：除去压缩空气中的水。
⑥ 三联件：进一步过滤除杂，进行使用端压力调节，给油润滑（无油润滑系统中不使用）。
⑦ 控制阀：对压缩空气进行方向控制。
⑧ 调速阀：对压缩空气进行流量控制。
⑨ 气缸：将压力输出成机械动作。

气动驱动系统的工作原理为：①在动力元件和气源处理元件的作用下获得压缩气体，向气缸内供给压缩空气，气缸内的活塞在气压的作用下往复运动，由活塞杆将动力传出，带动机械做功；②在动力元件和气源处理元件的作用下获得压缩气体，向气动马达内的封闭腔内供给压缩空气，带动活塞或者叶轮旋转，从而获得旋转运动。

气缸分为单向式和双向式。单向驱动气缸的工作过程为：从进气口供给压缩空气，推动活塞前进，使活塞杆上产生推力；当停止供给压缩空气后，依靠内部安装的弹簧力使活塞复位。双向驱动气缸的工作过程为：从一个口（A 口）供给压缩空气，推动活塞移动，排气室的压缩空气从另一个口（B 口）排出，从而使活塞杆上产生推力，向前运动；若从 B 口供给压缩空气，从 A 口排出压缩空气，则使活塞向后移动。

气动马达分为径向活塞式和叶片式等几种形式。径向活塞式气动马达（图 2-42）工作时，各活塞与曲轴由连杆连接，与转轴为一体的旋转阀门把从 A 口进入的压缩空气一次性供给各活塞；由压缩空气驱动的活塞推动曲轴产生旋转力矩，另一侧的 B 口作为排气口。若从 B 口供给压缩空气，则气动马达反向旋转，此时 A 口为排气口。

气动驱动系统结构简单，清洁，动作灵敏，具有缓冲作用。但与液压驱动装置相比，功率较小，刚度差，噪声大，速度不易控制，所以多用于精度要求不高的点位控制机器人。

3)电动驱动系统。机器人电动伺服驱动系统是利用各种电动机产生的力矩和力,直接或间接地驱动机器人本体,以获得机器人的各种运动的执行机构。目前,高起动转矩、大转矩、低惯量的交、直流伺服电动机在工业机器人中得到了广泛应用,一般负载为1000N以下的工业机器人大多采用电动伺服驱动系统。工业机器人的关节驱动电动机主要是步进电动机、直流伺服电动机和交流伺服电动机。其中,交流伺服电动机、直流伺服电动机均采用位置闭环控制,一般应用于高精度、高速度的机器人驱动系统中。

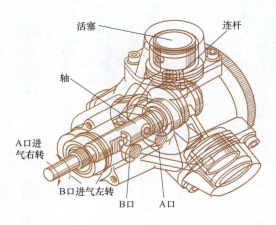

图 2-42 径向活塞式气动马达

① 步进电动机。步进电动机是一种将电脉冲信号转换成机械角位移的旋转电动机,可以实现高精度的角度控制。按照产生转矩的方式不同,步进电动机可分为反应式(VR 型,转子为软磁材料,转子在通电相定子磁场的作用下旋转到磁阻最小的位置,定、转子开小齿,步距角小)、永磁式(PM 型,转子为永磁材料,定子位于转子外侧,通电相定子线圈中流过电流产生磁场,定子和转子磁场间相互作用,产生吸引力和排斥力,从而使转子旋转)和混合式(HB 型,复合型电动机,能获得与反应式相同的很小的步距角),如图 2-43 所示。从步进电动机的定义和产生转矩的方式中可以看出其工作原理是:某相定子线圈励磁(得电)后,线圈中产生磁场,使得转子的齿与该相定子磁极上的齿对齐,转子转动一个步距角;换一相定子线圈得电后,转子接着又旋转一个步距角。换言之,步进电动机的驱动是通过控制每相定子线圈的得电来实现的,改变定子线圈通电相序就可以改变电动机的运行方向。

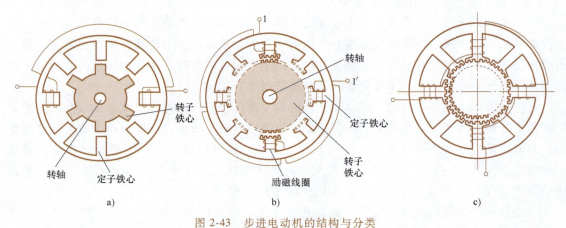

图 2-43 步进电动机的结构与分类
a) VR 型 b) PM 型 c) HB 型

根据电流在定子线圈中的流动方向不同,步进电动机的驱动电路可分为单极型驱动和双极型驱动。

单极型驱动:定子线圈的中点接线。定子线圈中流过电流进行磁场切换时,线圈的中点与两端点之间，无论哪一边都只流过一个方向的电流。

双极型驱动：定子线圈的中点不接线。定子线圈中流过电流进行磁场切换时，线圈两端所加电压作为正、负切换，从而使线圈中的电流方向改变。与单极型驱动相比，双极型驱动可以产生两倍大小的转矩，电动机效率较高。

步进电动机驱动多为开环控制，控制简单，但功率不大，多用于低精度、小功率机器人系统。

② 直流伺服电动机。使用直流电源的电动机称为直流电动机，其结构如图 2-44 所示。直流电动机由定子、绕有线圈的转子、换向器和电刷组成。当电流通过电刷和换向器流过线圈时产生转子磁场，这时转子成为一个电磁铁，在转子和定子之间产生吸引力或排斥力使转子旋转。由电刷和换向器切换电流方向，使电动机按照同一方向旋转并带动负载做功。直流电动机的工作原理是：把直流电动机的端子接到直流电源上就可以使其运转，通过改变电流的流向可实现电动机的正反转。

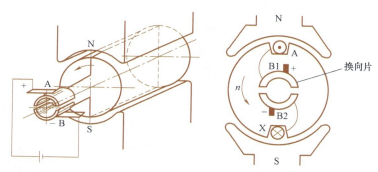

图 2-44　直流电动机结构示意图

直流伺服电动机的结构和原理与普通直流电动机的结构和原理没有根本区别。伺服主要针对的是控制环路，也就是说，引入了闭环（反馈）的概念，使得电动机转矩、转速的大小和方向可调可控（电枢电流控制电动机的转矩，电枢电压控制电动机的转速）。按照励磁方式的不同，直流伺服电动机分为永磁式直流伺服电动机和电磁式直流伺服电动机。永磁式直流伺服电动机的磁极由永久磁铁制成，不需要励磁线圈和励磁电源。电磁式直流伺服电动机一般采用他励结构，磁极由励磁线圈构成，通过单独的励磁电源供电。按照转子结构的不同，直流伺服电动机分为空心杯形转子直流伺服电动机和无槽电枢直流伺服电动机。空心杯形转子直流伺服电动机由于其力能指标较低，现在已很少采用。无槽电枢直流伺服电动机的转子是直径较小的细长型圆柱铁心，通过耐热树脂将电枢线圈固定在铁心上，具有散热好、力能指标高、快速性好的特点。

直流伺服电动机的起停大多采用脉宽调制（PWM）来实现，即利用大功率晶体管的开关作用，通过改变脉冲的宽度来改变加在电动机电枢两端的平均电压，从而改变电动机的转速。

直流伺服电动机的机械特性和调节特性的线性度好，调整范围大，起动转矩大，效率高。其缺点是电枢电流较大，电刷和换向器维护工作量大，接触电阻不稳定，电刷与换向器之间的火花有可能对控制系统产生干扰。

③ 交流伺服电动机。交流伺服电动机由定子、转子和测量转子位置的传感器构成。定

子采用对称线圈结构，转子由线圈或者永磁体材料构成，位置传感器一般为光电编码器或旋转变压器。

交流伺服电动机定子的构造基本上与电容分相式单相异步电动机相似，如图 2-45 所示。其定子上装有两个位置互差 90°的线圈，一个是励磁线圈 R_f，它始终接在交流电压 U_f 上；另一个是控制线圈 R_c，它连接控制信号电压 U_c。所以交流伺服电动机又称两个伺服电动机。

交流伺服电动机在没有控制电压时，定子内只有励磁线圈产生的脉动磁场，转子静止不动。当有控制电压时，定子内便产生一个旋转磁场，转子沿旋转磁场的方向旋转，在负载恒定的情况下，电动机的转速随控制电压的大小而变化，当控制电压的相位相反时，伺服电动机将反转。

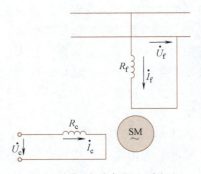

图 2-45 交流伺服电动机定子结构示意图

按照定子转速与转子转速的差异，交流伺服电动机分为同步电动机和异步电动机。同步电动机与异步电动机的区别在于转子的结构和起转原理不同。同步电动机又称为永磁交流伺服电动机，它的定子是由线圈组成的，转子是由永磁体构成的，可分为单相和三相。其工作原理为：定子线圈得电后，流过定子线圈的电流在定子气隙中建立旋转磁场，且该磁场的转速（称为同步转速）正比于电源的频率，反比于定子的极对数。由于转子有磁极，所以也会产生磁场。两个磁场相互作用产生转矩，转子和定子以同样的速度旋转起来。异步电动机又称为感应电动机，它的定子和转子均由铁心线圈构成，可分为单相和三相。其工作原理为：定子线圈得电后，流过定子线圈（一次绕组）的电流在定子气隙中建立旋转磁场，且该磁场的转速（称为同步转速）正比于电源的频率，反比于定子的极对数。由于电磁感应作用，闭合的转子线圈（二次绕组）内将产生感应电流，这个电流产生的磁场和定子线圈产生的旋转磁场相互作用产生电磁转矩，从而使转子跟着定子旋转起来。

交流伺服电动机的驱动通常采用电流型脉宽调制（PWM）相逆变器和具有电流环为内环、速度环为外环的多闭环控制系统实现。根据其工作原理、驱动电流波形和控制方式的不同，它又可分为两种伺服系统：矩形波电流驱动的永磁交流伺服系统和正弦波电流驱动的永磁交流伺服系统。其中，采用矩形波电流驱动的永磁交流伺服电动机称为无刷直流伺服电动机，采用正弦波电流驱动的永磁交流伺服电动机称为无刷交流伺服电动机。

与直流伺服电动机相比，交流伺服电动机没有机械换向器，特别是它没有了碳刷，完全排除了换向时产生火花对机械造成的磨损；另外，交流伺服电动机自带一个编码器，可以随时将电动机运行的情况"报告"给驱动器，驱动器又根据得到的"报告"更精确地控制电动机的运行。此外，交流伺服电动机还具有转矩转动惯量比高等优点，因此在工业机器人中得到了广泛应用。

项目实施

工业机器人的空间位置使用坐标系来表示，在不同场合工业机器人可以使用不同的坐标系。在一些特殊场合，使用用户坐标系可以很方便地对工业机器人进行示教，使机器人末端快速达到指定点。本项目进行工具坐标系、基坐标系、固定工具和机器人引导的工件坐标系测量。

任务一　工具坐标系测量

测量工具意味着生成一个以工具参照点为原点的坐标系，该参照点即 TCP，该坐标系即工具坐标系。

工具测量包括 TCP 测量和工具姿态测量，测量时记录工具坐标系原点到法兰坐标系的距离（用 X、Y 和 Z 表示）以及之间的转角（用 A、B 和 C 表示），如图 2-46 所示。

一、TCP 测量

TCP 测量的 XYZ 4 点法将待测量工具的 TCP 从 4 个不同方向移向一个任意选择的参照点，机器人控制系统从不同的法兰位置值中计算出 TCP。移至参照点的 4 个法兰位置，彼此必须间隔足够远，并且不得位于同一平面内，如此所测的 TCP 数据最精确。

XYZ 4 点法操作步骤如下：

1）单击示教界面左上角或示教器右下角机器人图标进入主菜单，然后单击"投入运行"→"测量"→"工具"→"XYZ 4 点法"，进入工具坐标系测量界面。在对话框中输入工具号"1"和工具名"zhuazua"，如图 2-47 所示。

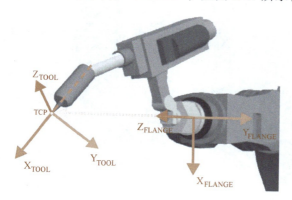

图 2-46　工具测量原理

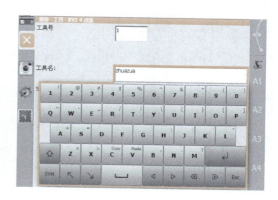

图 2-47　工具号和工具名

2）单击示教界面下方的"继续"软键，进入 XYZ 4 点法工具坐标系测量操作界面。首先进行方向 1 参考点校准，如图 2-48 所示。操作示教器调整机器人姿态，使气爪某个尖点从任何方向 1 与工具笔尖接触，如图 2-49 所示。单击图 2-48 中示教界面下方的"测量"软键，弹出询问对话框，如图 2-50 所示，单击"是"软键，完成方向 1 参考点校准，同时进入方向 2 参考点校准。

3）方向 2 参考点、方向 3 参考点和方向 4 参考点的校准及操作过程与方向 1 参考点的类

图 2-48　按方向 1 进行参考点校准

似，只需按照图 2-51～图 2-53 完成机器人末端气爪同一尖点与笔形工具尖端的接触，4 个方向的差别越大，最终测量值越准确。

4)方向4参考点测量完成之后,单击"继续"软键,进入负载数据测量界面,如图2-54所示,正确输入负载数据,然后单击"继续"软键。

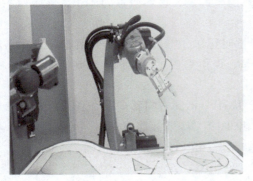

图 2-49　方向 1

图 2-50　询问对话框

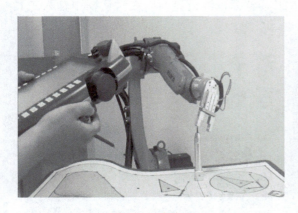

图 2-51　方向 2

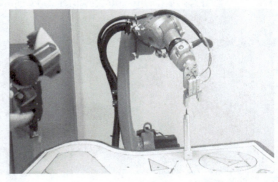

图 2-52　方向 3

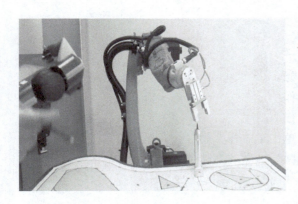

图 2-53　方向 4

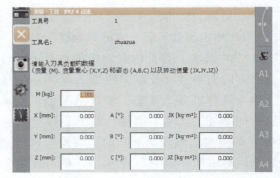

图 2-54　负载数据

5)测得的工具坐标系原点界面如图2-55所示,图中故障值大于1,需要重新测量。单击"返回"软键,直接回到图2-48所示的界面,重新采用XYZ 4点法测量工具坐标系,直到图中故障值小于1。然后单击"保存"软键,完成工具坐标系的测量。

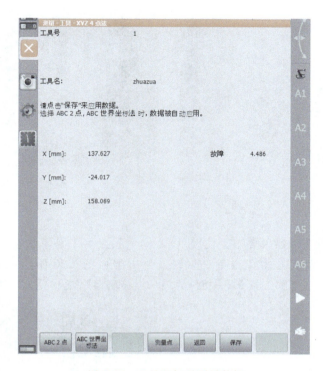

图 2-55　工具坐标系测量数据

二、工具姿态测量

工具姿态测量 ABC 2 点法：通过趋近 X 轴上的一个点和 XY 平面上的一个点，机器人控制系统即可得知工具坐标系的各轴。当轴的方向必须特别精确地确定时，应使用此方法。

下述操作步骤适用于工具碰撞方向为默认碰撞方向（=X 向）的情况。如果碰撞方向改为 Y 向或 Z 向，则操作步骤也必须相应地进行更改。另外，TCP 已测得。

1）采用两种方法中的一种进入工具姿态测量界面，如图2-56所示。

① 在图 2-55 中左下角单击"ABC 2 点"进入工具姿态测量界面。

② 单击主菜单的"投入运行"→"测量"→"工具"→"ABC 2 点法"进入工具姿态测量界面。

2）在图 2-56 所示的对话框中输入要测量的工具号，单击"继续"，系统提示将待测量工具的 TCP 移到参照点，如图 2-57 所示。操作示教器调整机器人姿态，使气爪某个尖点与工具笔尖接触，如图 2-58 所示。单击图 2-57 中示教界面下方的"测量"软键，弹出类似图 2-50 所示的询问对话框，单击"是"软键，同时进入"待测工具-X 轴一点移至参照点"界面，如图 2-59 所示。

图 2-56　选定待测量的工具

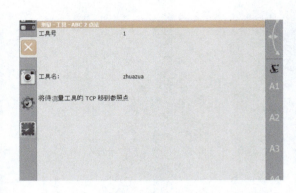 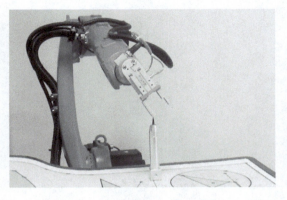

图 2-57　将待测量工具的 TCP 移到参照点　　　图 2-58　气爪某尖点与工具笔尖接触

3）操作示教器调整机器人姿态，使气爪-X 轴上某点与工具笔尖接触，如图 2-60 所示。单击图 2-59 中示教界面下方的"测量"软键，弹出类似图 2-50 所示的询问对话框，单击"是"软键，同时进入"待测工具 XY 平面+Y 轴一点移至参照点"界面，如图 2-61 所示。

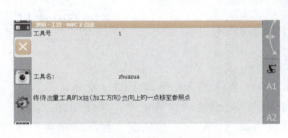 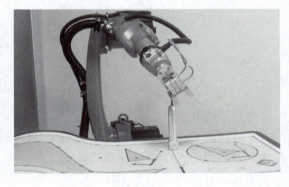

图 2-59　气爪-X 轴方向测量　　　　　　图 2-60　气爪-X 轴某点与工具笔尖接触

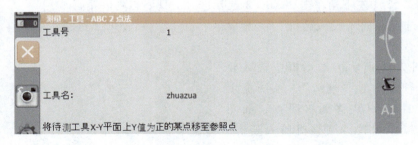

图 2-61　气爪 XY 平面+Y 轴方向测量

4）操作示教器调整机器人姿态，使气爪的 XY 平面+Y 轴上某点与笔形工具尖端接触，如图 2-62 所示。单击图 2-61 中示教界面下方的"测量"软键，弹出类似图 2-50 所示的询问对话框，单击"是"软键。

5）完成 ABC 2 点法测量操作后，测量数据如图 2-63 所示，单击"保存"软键即可。

图 2-62　气爪 XY 平面+Y 轴某点与工具笔尖接触

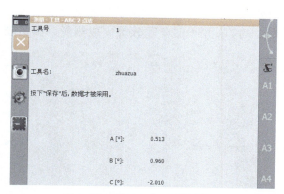

图 2-63　ABC 2 点法测量数据

任务二　基坐标系测量

基坐标系是根据世界坐标系在机器人周围的某一个位置上创建的坐标系，如图 2-64 所示。其目的是使机器人运动以及编程设定位置均以该坐标系为参照。

3 点法操作步骤如下：

1）单击示教界面左上角机器人图标进入主菜单，然后单击"投入运行"→"测量"→"工具"→"基坐标"→"3 点法"，进入基坐标系测量界面，如图 2-65 所示。

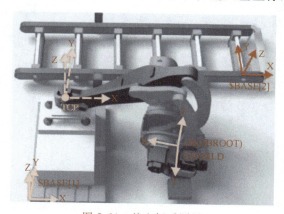

图 2-64　基坐标系测量

图 2-65　基坐标系测量界面

2）在图 2-65 所示的对话框中输入基坐标系统号"1"和基坐标系名称"scx"，单击"继续"，选择已测量工具坐标系号 1，如图 2-66 所示。再单击"继续"，开始测量基坐标系，如图 2-67 所示。

3）将 TCP 移至新基坐标系原点，在世界坐标系下，手动操作机器人将工具 TCP 移至待测坐标系原点，如图 2-68 所示，然后单击"测量"确认当前位置。

4）将 TCP 移至新基坐标系 X 轴正向上一点，如图 2-69 所示，手动操作机器人将工具 TCP 移至+X 轴方向上一点，如图 2-70 所示，然后单击"测量"确认当前位置。

5）将 TCP 移至新基坐标系 XY 平面上 Y 轴正向上一点，如图 2-71 所示，手动操作机器人将工具 TCP 移至 XY 平面+Y 轴方向上一点，如图 2-72 所示，然后单击"测量"确认当前位置。

6)单击"保存"软键完成测量,新基坐标系测量数据如图2-73所示。

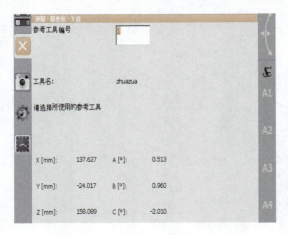

图2-66 工具编号选择

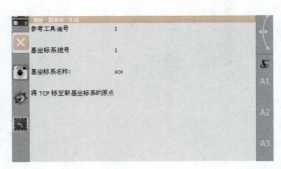

图2-67 新基坐标系原点

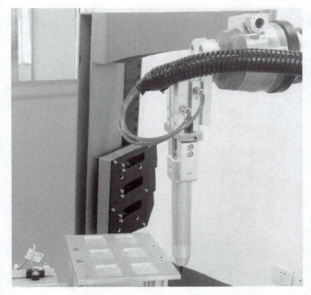

图2-68 笔尖移至基坐标系原点

图2-69 新基坐标系X轴正向一点

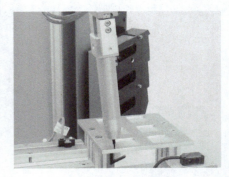

图2-70 笔尖移至新基坐标系X轴正向一点

图2-71 新基坐标系XY平面上Y轴正向一点

项目二 | KUKA 工业机器人坐标系测量

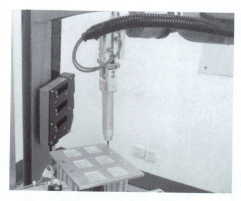

图 2-72 笔尖移至新基坐标系 XY 平面上 Y 轴正向一点

图 2-73 新基坐标系测量数据

任务三 固定工具测量

固定工具测量是指固定工具外部 TCP 和世界坐标系原点之间距离的测量（图 2-74），以及由外部 TCP 确定该坐标系姿态。

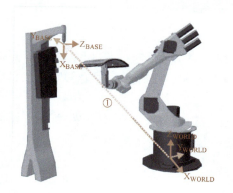

图 2-74 固定工具测量

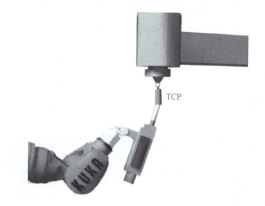

图 2-75 移至外部 TCP

如图 2-74 中①所示，以世界坐标系（机器人机座）为基准管理外部 TCP，即等同于基坐标系。确定 TCP 时，需要一个由机器人引导的已测工具，如图 2-75 所示。

姿态测量是将法兰坐标系校准至平行于新坐标系，如图 2-76 所示。其有如下两种方式：

1）5D 法。只将固定工具作业方向默认为 X 轴，告知机器人控制器，其他轴的姿态由系统确定。测量时，将+X 基坐标系平行对准-Z 法兰坐标系，也就是说，将连接

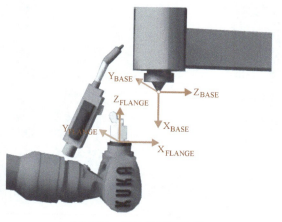

图 2-76 坐标系平行校准

法兰调整成与固定工具的作业方向垂直。

2) 6D 法。所有三个轴的姿态都将告知机器人控制系统。测量时，除了满足 5D 法测量要求外，还应使+Y 基坐标系平行于+Y 法兰坐标系，+Z 基坐标系平行于+X 法兰坐标系。

5D 法操作步骤如下：

测量过程中，以已测量的机器人末端工具笔尖为参考工具，如图 2-77 所示，机架上工具笔尖为待测外部固定工具，如图 2-78 所示。

图 2-77 已测工具笔尖

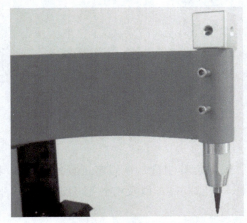

图 2-78 待测外部固定工具

1) 单击示教界面左上角或示教器右下角机器人图标进入主菜单，然后单击"投入运行"→"测量"→"固定工具"→"工具"进入固定工具设置界面，在对话框中输入固定工具编号和固定工具编名称，如图 2-79 所示。

2) 设置完成后，单击"继续"软键，进入参考工具选择界面，如图 2-80 所示。输入已测量的参考工具编号，同时自动跳出与参考工具编号相对应的参考工具名称。

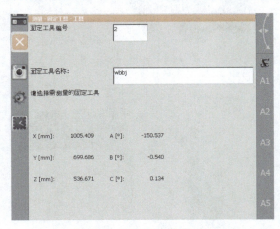

图 2-79 固定工具设置界面

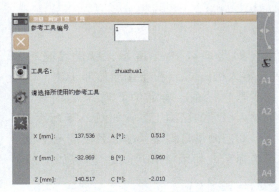

图 2-80 参考工具选择界面

3) 单击"继续"软键，进入测量方法选择界面，如图 2-81 所示。在对话框中选择"5D/6D"为 5D 测量方法。

4) 单击"继续"软键，示教界面提示"将参考工具的 TCP 移至要测量的固定工具的

TCP",如图 2-82 所示。手动操作机器人将工具 TCP 移至待测外部固定工具笔尖,如图 2-83 所示,作为坐标系原点。

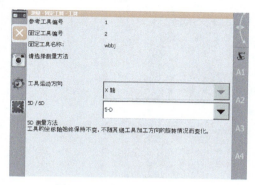

图 2-81　测量方法选择界面

图 2-82　TCP 测试提示界面

5)单击示教界面左下角的"测量"软键,在弹出的询问对话框中单击"是"软键(图 2-84),示教界面提示校准机械手法兰,使其与需测量的固定工具的加工方向垂直,如图 2-85 所示。手动操作机器人,将法兰坐标系 +Z 轴调至与待测坐标系 -X 轴平行,如图 2-86 所示(注意:平行度可通过观察机器人各轴代数和数值来调整)。

6)单击示教界面左下角的"测量"软键,在弹出的询问对话框中单击"是"软键,确认当前位置,进入测量数据显示界面,如图 2-87 所示。最后单击"保存"软键保存数据,完成 5D 法测量外部固定工具坐标系。

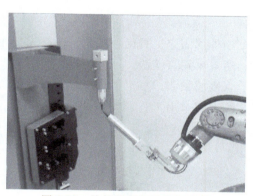

图 2-83　外部固定工具原点测量

图 2-84　位置确认对话框

图 2-85　校准机械手法兰 Z 轴提示

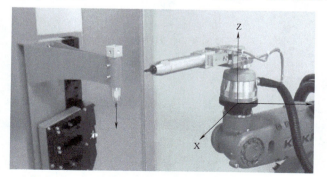

图 2-86　法兰坐标系 +Z 轴与待测坐标系 -X 轴平行

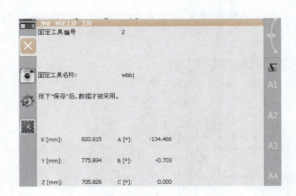

图 2-87 测量数据保存界面

任务四　机器人引导的工件坐标系测量

当外部固定工具已经测定，工件安装在法兰上，可以采用直接法或间接法测量工件坐标系，通常采用直接法。

直接测量法：将机器人原点和工件的另外两个点告知机器人控制系统，这三个点可将工件清楚地定义出来，如图 2-88 所示。

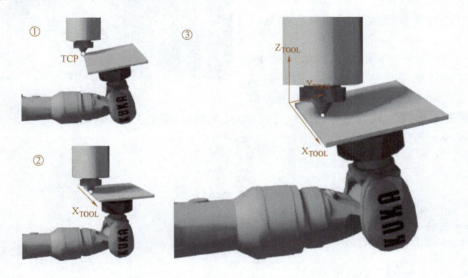

图 2-88　直接法测量机器人引导的工件坐标系

直接法操作步骤如下：

1) 单击示教界面左上角或示教器右下角机器人图标进入主菜单，然后单击"投入运行"→"测量"→"固定工具"→"工件"→"直接测量"进入工件设置界面。在对话框中输入工件编号和工件名称，如图 2-89 所示。

2) 设置完成后，单击"继续"软键，进入固定工具选择界面，如图 2-90 所示。输入已经测量的固定工具编号，并同时自动跳出与固定工具编号相对应的固定工具名称。

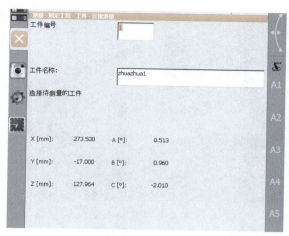
图 2-89 工件设置界面

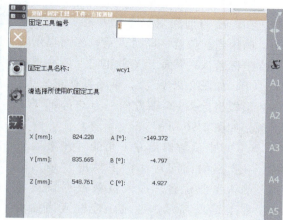
图 2-90 固定工具选择界面

3）单击"继续"软键，示教界面提示"将工件坐标系统的原点移至 TCP"，如图 2-91 所示。手动缓慢操作机器人，将弧形板坐标系原点移至外部固定工具 TCP，如图 2-92 所示，作为坐标系原点。

图 2-91 工件坐标系统的原点移至 TCP

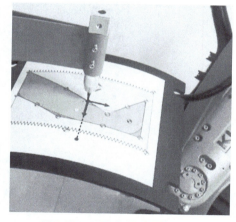
图 2-92 工件坐标系原点测量

4）单击示教界面左下角的"测量"软键，在弹出的询问对话框中单击"是"软键，确认当前位置。同时，示教界面提示"将工件坐标系的 X 轴正向上的一点移至 TCP"，如图 2-93 所示。手动操作机器人，将弧形板坐标系+X 轴方向一点与外部 TCP 接触，如图 2-94 所示。

图 2-93 工件坐标系的 X 轴正向上的一点移至 TCP

5)单击示教界面左下角的"测量"软键,在弹出的询问对话框中单击"是"软键,确认当前位置。同时,示教界面提示将工件坐标系 XY 平面上 Y 轴正向上的一点移至 TCP,如图 2-95 所示。手动操作机器人,将弧形板坐标系+Y 轴方向一点与外部 TCP 接触,如图 2-96 所示。

6)单击示教界面左下角的"测量"软键,在弹出的询问对话框中单击"是"软键,确认当前位置,进入负载数据设置界面,如图 2-97 所示。原则上应输入诸如重心位置、姿态和转动惯量等实际测试参数,本书中数据不作为参考依据,直接忽略该操作。

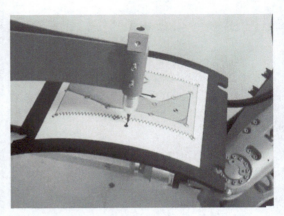

图 2-94　弧形板坐标系+X 轴方向一点与外部 TCP 接触

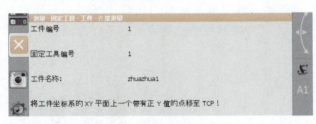

图 2-95　工件坐标系 XY 平面上 Y 轴正向上的一点移至 TCP

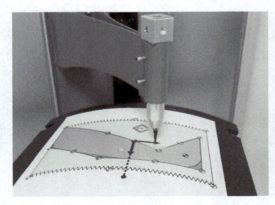

图 2-96　弧形板坐标系+Y 轴方向一点与外部 TCP 接触

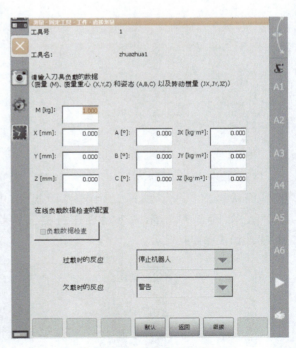

图 2-97　负载数据设置界面

7）单击"继续"软键，显示坐标系测量数据，单击"保存"软键保存数据，完成直接法测量弧形板坐标系。

项目小结

通过本项目的学习，学生应掌握工业机器人本体结构、环境感知系统以及控制与驱动系统；能够用 XYZ 4 点法和 ABC 2 点法进行工具坐标系设置，用 3 点法进行基坐标系设置、固定工具测量以及工件坐标系测量，为后续示教编程操作打下基础。

练习与思考题

1. 选择题

1）工业机器人机座有固定式和（　　）两种。
   A. 移动式　　　B. 行走式　　　C. 旋转式　　　D. 电动式

2）（　　）型机器人通过沿三个互相垂直的轴线的移动来实现机器人手部空间位置的改变。
   A. 直角坐标　　B. 圆柱坐标　　C. 极坐标　　　D. 关节坐标

3）机器人的驱动方式有（　　）。
   A. 手工驱动　　B. 电动驱动　　C. 气动驱动　　D. 液压驱动

4）传感器的运用使机器人具有了一定的（　　）能力。
   A. 一般　　　　B. 重复工作　　C. 识别判断　　D. 逻辑思维

5）机器视觉系统是一种（　　）的光传感系统，同时集成软硬件，综合现代计算机、光学、电子技术。
   A. 非接触式　　B. 接触式　　　C. 自动控制　　D. 智能控制

6）机器人语言是由（　　）表示的"0"和"1"组成的字串机器码。
   A. 二进制　　　B. 十进制　　　C. 八进制　　　D. 十六进制

7）下面传感器中不属于触觉传感器的是（　　）。
   A. 接近觉传感器　B. 接触觉传感器　C. 压觉传感器　D. 热敏电阻

8）力控制方式的输入量和反馈量是（　　）。
   A. 位置信号　　B. 力（力矩）信号　C. 速度信号　D. 加速度信号

9）力传感器安装在工业机器人上的位置，通常不会在以下哪个位置（　　）。
   A. 关节驱动器轴上　B. 机器人腕部　C. 手指指尖　D. 机座

10）下面哪一项不属于工业机器人子系统（　　）。
   A. 驱动系统　　B. 机械结构系统　C. 人机交互系统　D. 导航系统

11）工业机器人由主体、（　　）和控制系统三个基本部分组成。
   A. 机柜　　　　B. 驱动系统　　C. 计算机　　　D. 气动系统

12）伺服控制系统一般包括控制器、被控对象、执行环节、比较环节和（　　）。
   A. 换向结构　　B. 转换电路　　C. 存储电路　　D. 检测环节

13）下面（　　）图标代表基坐标系。
   A.　　　　　　B.　　　　　　C.　　　　　　D.

2. 简答题

1) 工业机器人本体结构由哪几部分组成?
2) 工业机器人手部是如何分类的?
3) 工业机器人视觉系统由哪些部分组成? 各部分有什么作用?
4) 工业机器人触觉传感器有哪些? 试举例说明触觉传感器的应用。
5) 试举例说明工业机器人位置及位移传感器有哪些, 并说明各自特点。
6) 工业机器人动力系统有哪三种主要类型? 它们的主要区别是什么?
7) 工业机器人控制器主要有哪些功能?
8) 为什么要测量由机器人引导的工具?
9) 什么可以通过 XYZ 4 点法确定?
10) 工具测量方法有哪些?
11) 如何确定外部工具 TCP?

3. 操作题

如图 2-98 所示, 用 XYZ 4 点法测量工具中心点 TCP, 用 ABC 2 点法测量工具坐标系的姿态, 输入负载数据。

工具负载数据:

质量: m = 6.68kg

重心: X = 23mm, Y = 11mm, Z = 41mm

姿态: A = 0°, B = 0°, C = 0°

转动惯量: $J_X = 0 kg \cdot m^2$, $J_Y = 0.4 kg \cdot m^2$, $J_Z = 0.46 kg \cdot m^2$。

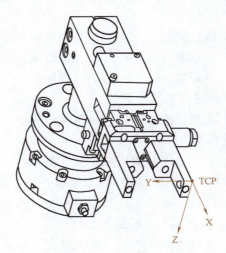

图 2-98 TCP 位置

项目三
KUKA 工业机器人搬运编程与操作

搬运机器人是可以进行自动化搬运作业的工业机器人，被广泛应用于机床上下料、冲压机自动化生产线、自动装配流水线和码垛搬运等自动搬运生产领域，可大大减轻人的体力劳动，节省劳动力成本，提高生产率，降低搬运损耗。

学习目标

1) 了解工业机器人搬运工作站的基本组成。
2) 理解工业机器人程序的概念。
3) 掌握工业机器人 PTP、LIN、OUT 和 WAIT 指令。
4) 能根据搬运任务进行工业机器人运动规划和程序流程图的制订。
5) 能灵活运用工业机器人相关编程指令，使用示教器完成搬运程序示教。
6) 能完成搬运程序的调试和自动运行。

项目描述

图 3-1 所示为 KUKA 工业机器人搬运示意图，图 3-2 所示为被搬运的工件。被搬运的工件位于图 3-1 中的卸料区，机器人末端气爪从卸料区下端将一个工件夹取，并将其搬运至堆垛区的一个放置点，如图 3-1 中的箭头所示。

图 3-1 KUKA 工业机器人搬运示意图

图 3-2 被搬运的工件

知识准备

一、运动指令

KUKA 工业机器人的运动指令有三种：点到点运动指令（PTP）、直线运动指令（LIN）

和圆弧运动指令（CIRC），本项目只介绍前面两种。

1. 点到点运动指令 PTP

PTP 移动可以快速抵达目标位置，既是最快，也是最省时的移动方式。工具根据始末位置（从起点至目标点），沿一条没有精确定义的轨迹移动。

如图 3-3 所示，机器人 TCP 从 P1 点移到 P2 点，采用 PTP 运动方式时，移动路线不一定是直线运动，轨迹无法精确预知，所以在调试（即试运行）时，应在障碍物附近降低速度来测试机器人的移动特性。如果不进行这项工作，则可能发生干涉，并造成部件、工具或机器人损坏。

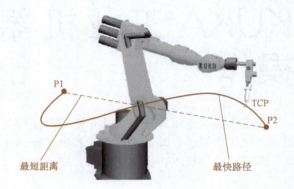

图 3-3 PTP 移动轨迹

PTP 指令联机表格如图 3-4 所示，指令中各参数释义见表 3-1。

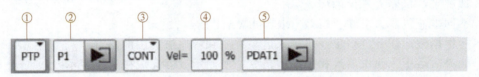

图 3-4 PTP 指令联机表格

表 3-1 运动指令联机表格参数释义

序号	联机表格参数	说　明
1	运动方式	PTP、LIN 或 CIRC
2	目标点名称	目标点的名称自动分配，但可予以单独覆盖 触摸箭头编辑点数据，然后选项窗口 Frames 自动打开 对于 CIRC，必须为目标点额外示教一个辅助点。移向辅助点位置，然后单击"Touchup HP"软键
3	精确到位	CONT:目标点被轨迹逼近 [空白]:将精确地移至目标点
4	速度	PTP 运动:1%,2%,…,99%,100% 沿轨迹的运动:0.001m/s,0.002m/s,…,1.99m/s,2m/s
5	工件坐标	运动数据组: 加速度 轨迹逼近距离(如果在栏 3 中输入了 CONT) 姿态引导(仅限于沿轨迹的运动)

2. 直线运动指令 LIN

线性移动时，工具尖端从起点到目标点做直线运动。只要给出目标点，工具尖端就精确地沿着定义的轨迹运行，工具本身的取向则在移动过程中发生变化，此变化与程序设定的取向有关。

如图 3-5 所示，机器人 TCP 从 P1 点移动到 P2 点做直线运动，从 P2 点移动到 P3 点做直线运动。

LIN 指令联机表格与图 3-4 相同。

二、逻辑指令

逻辑指令是控制部分输入和输出端用于机器人系统与外围设施进行通信交流，输入端问询和输出端置位的专门命令。此外，逻辑指令还可以编程设置等候时间，以便确认在机器人开始移动前已经完成了各项过程的执行。

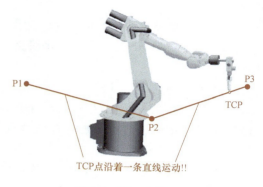

图 3-5　LIN 移动轨迹

1. OUT（简单开关功能）

通过开关指令，可将数字信号传送给外围设备，使用已分配给接口的输出端编号。OUT 指令联机表格如图 3-6 所示，指令中各参数释义见表 3-2。

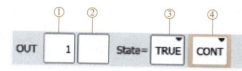

图 3-6　OUT 指令联机表格

表 3-2　OUT 指令联机表格参数释义

序号	说　　明
1	输出端编号：1,2,…,4095,4096
2	如果输出端已有名称，则会显示出来 仅限于专家用户组使用：通过单击长文本，可输入名称。名称可以自由选择
3	输出端接通的状态：正确或错误
4	CONT：在预进中进行的编辑 ［空白］：含预进停止的处理

注：在使用条目 CONT 时，信号是在预进中设置的。

2. WAIT（与时间相关的等候功能）

通过等待指令，控制器可根据输入的时间在程序中的该位置等待。WAIT 指令联机表格如图 3-7 所示，指令中各参数释义见表 3-3。

图 3-7　WAIT 指令联机表格

表 3-3　WAIT 指令联机表格参数释义

序号	说　　明
1	等待时间≥0s

三、BCO 运行

KUKA 工业机器人的初始化运行称为 BCO 运行。

BCO 是 Block Coincidence（即程序段重合）的缩写。重合意为"一致"及"时间／空间事件的会合"。

下列情况要进行 BCO 运行：

1）选择程序/程序复位/程序执行时手动移动：选定程序或程序复位后，BCO 运行至原始位置，如图 3-8 中①所示。在选择或者复位程序后，BCO 运行至 HOME 位置，如图 3-9 所示。

2）更改程序：更改运动指令后，执行 BCO 运行，如图 3-8 中②所示。

3）语句行选择：进行语句行选择后，执行 BCO 运行，如图 3-8 中③所示。

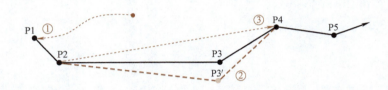

图 3-8　BCO 运行原因举例

为了使当前机器人位置与机器人程序中当前点位置保持一致，必须执行 BCO 运行。

一般仅在当前的机器人位置与编程设定的位置相同时才可进行轨迹规划。因此，首先必须将 TCP 置于轨迹上。

项目实施

为实现工件搬运的功能，需要进行任务规划、动作规划和路径规划，确定好工件的搬运路径和放置点的位置，同时对搬运工作过程进行分析，制订程序流程图。为了使机

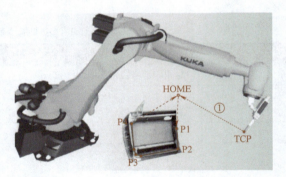

图 3-9　在选择或者复位程序后
BCO 运行至 HOME 位置

器人的动作能够再现，需要用机器人编程指令将机器人的运动轨迹和动作编成程序（即示教编程）。示教过程需要利用工业机器人的手动控制功能完成工件的搬运动作，并记录机器人的动作。

任务一　运动规划和制订程序流程图

1. 运动规划

要完成搬运程序的示教编程，首先要进行运动规划，即要进行任务规划、动作规划和路径规划，如图 3-10 所示。

1）任务规划。本项目要完成的任务是将卸料区下端的一个立方体工件搬运至生产线堆垛区，因此机器人的搬运动作可分解为"抓取工件""搬运工件"和"放下工件"三个子任务。

2)动作规划。每一个子任务可分解为机器人的一系列动作。"抓取工件"可以进一步分解为"回参考点""移到工件侧方安全点""直线移动贴近工件""气爪夹紧工件","搬运工件"可以进一步分解为"直线退回到工件侧方安全点""移到堆垛区上方安全点""直线移到放置点"。"放下工件"可以进一步分解为"气爪松开工件""直线退回到放置点"。

3)路径规划。路径规划是将每一个动作分解为机器人TCP运动轨迹,考虑到机器人姿态以及机器人与周围设备的干涉,每一个动作需要对应有一个或多个点来形成运动轨迹,如图3-11所示。例如,"回参考点"对应HOME点,"移到工件侧方安全点"对应移到参考点P1~P4。

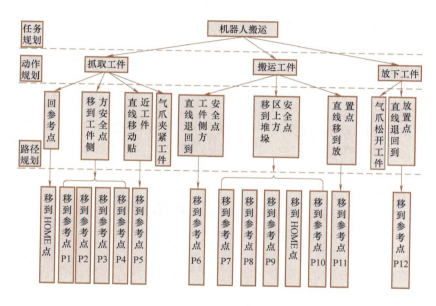

图 3-10 机器人搬运运动规划

2. 制订程序流程图

工业机器人搬运程序的整个工作流程包括"抓取工件""搬运工件"和"放下工件",程序流程图如图3-12所示

图 3-11 机器人运动轨迹规划

图 3-12 程序流程图

任务二　示教前准备

1. 参数设置（包含坐标模式、运行模式和速度）

KUKA 工业机器人有四种坐标模式：轴坐标、基坐标、工具坐标和世界坐标。选定轴坐标模式，可以手动控制机器人的单关节运动；选定基坐标、工具坐标和世界坐标模式，可以手动控制机器人在相应坐标系下的运动。

KUKA 工业机器人有五种增量式手动运行模式：持续的、100mm/10°、10mm/3°、1mm/1°和 0.1mm/0.005°，通常选用"持续的"运动模式。

项目一的任务一中介绍了手动操作时速度的设定方法，为安全起见，通常选用较低的速度。

在示教过程中，需要在一定的坐标模式、运行模式和操作速度下手动控制机器人达到一定的位置，因此在示教运动指令前，必须选定好坐标模式、运行模式和速度。

2. I/O 配置

本任务中使用气爪来抓取和释放工件，气爪的打开和关闭需要通过 I/O 接口信号进行控制。KUKA 工业机器人控制系统提供了 I/O 通信接口，本任务采用编号为 17 的 I/O 通信接口。

3. 工具坐标系的设定

参照项目二任务一的工具坐标系测量方法，以被搬运工件为对象选取一个接触尖点，同时选取气爪的一个接触尖点，测试气爪的 TCP 和姿态，如图 3-13 所示。

4. 基坐标系的设定

参照项目二任务二的基坐标系测量方法，以堆垛区平台为对象，同时选取气爪的一个接触尖点，测试基坐标系，如图 3-14 所示。

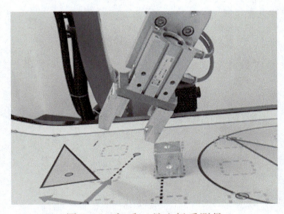

图 3-13　气爪工具坐标系测量

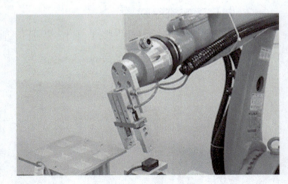

图 3-14　基坐标系测量

任务三　新建程序

程序是机器人为执行某种任务而设置的动作顺序描述，保存了机器人运动轨迹所需的指令和数据。

新建程序的步骤如下：

1）单击"R1",选择 R1 文件夹,单击示教界面左下角的"新"软键,新建一个文件夹,如图 3-15 所示。通过弹出的软键盘输入文件夹名"banyun",然后单击示教界面右下角的"OK"软键。

2）选择"banyun"文件夹,单击示教界面右下角的"打开"软键,打开该文件夹,如图 3-16 所示。

图 3-15　新建文件夹

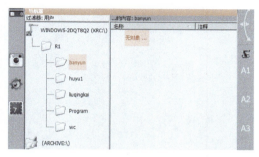

图 3-16　"banyun"文件夹

3）单击图 3-16 所示示教界面左下角的"新"软键,通过弹出的软键盘输入程序名"banyun",然后单击示教界面右下角的"OK"软键,信息栏弹出相同程序名的提示信息,如图 3-17 所示。

图 3-17　程序名重复提示信息

4）重做步骤 3,将程序命名为"banyun1",可新建一个程序,如图 3-18 所示。

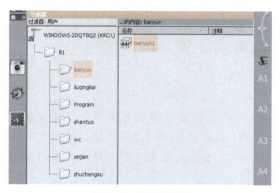

图 3-18　新建程序

任务四　示教编程

1. 打开程序

打开图 3-18 中新建的程序文件"banyun1",如图 3-19 所示,进入程序编辑器。程序编辑器中有 4 行程序,其中,INI 为初始化,END 为程序结束,中间两行为回 HOME 点。

2. 示教：回 HOME 点

使用示教器手动操作机器人移动到合适位置，作为机器人的 HOME 点，如图 3-20 所示。将光标定位在 HOME 程序行，单击示教界面左下角的"更改"软键，将 HOME 点名称改为 HOME5，如图 3-21 所示。因为 HOME 是全局变量，会影响其他程序的初始位置。

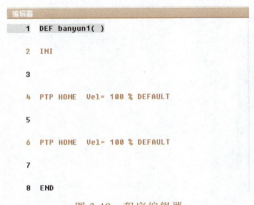

图 3-19　程序编辑器

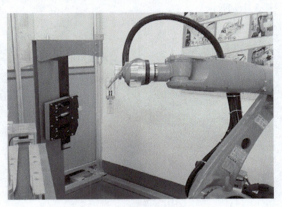

图 3-20　气爪位于 HOME 点

单击 HOME5 后面的黑色三角形，设定工具坐标系和基坐标系（项目二任务一和任务二所测），如图 3-22 所示。

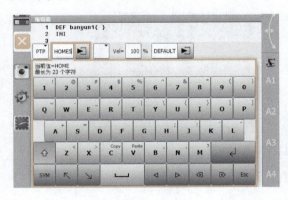

图 3-21　HOME5 点设置

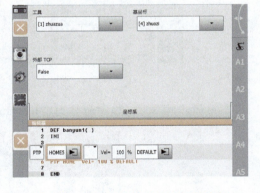

图 3-22　工具坐标系和基坐标系选择

单击示教界面右下角的"OK"软键，弹出对话框，如图 3-23 所示。单击"是"软键，接纳坐标系修改，继续弹出对话框，如图 3-24 所示。单击"是"软键，采用此点作为 HOME5 点，同时完成第 4 行 PTP 命令的修改。同样地，将默认第 6 行命令中的 HOME 点也修改为 HOME5。

3. 示教 I/O：气爪打开

将光标移至第 5 行，单击示教界面左下角的"指令"→"逻辑"→"OUT"，弹出 OUT 联机表格。将输出端编号改为"17"，输出接通状态改为"FALSE"，取消 CONT，然后单击示教界面右下角的"OK"软键完成 OUT 命令参数设置，如图 3-25 所示。同时，再次将光标选在第 5 行，单击示教界面右下角的"编辑"软键，选择"删除"，将第 5 行空行删除，如图 3-26 所示。

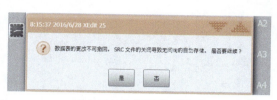

图 3-23　坐标系修改提示

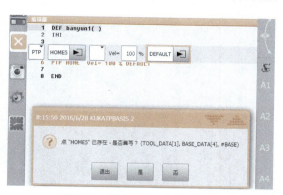

图 3-24　HOME5 修改信息提示

图 3-25　气爪打开

图 3-26　删除空行后指令

4. 示教：P1 点

手动操作机器人移动到 P1 点，如图 3-27 所示。将光标移至第 5 行，单击示教界面左下角的"指令"→"运动"→"PTP"，添加 PTP 指令，如图 3-28 所示，最后单击示教界面右下角的"OK"软键，完成 P1 点示教。

图 3-27　移动机器人到 P1 点

图 3-28　P1 点指令添加

5. 示教：P2 点

手动操作机器人移动到 P2 点，如图 3-29 所示。将光标移至第 6 行，单击示教界面下边的"上一条指令"，继续添加 PTP 指令，最后单击示教界面右下角的"OK"软键，完成 P2 点示教，如图 3-30 所示。

6. 示教：P3 点

手动操作机器人移动到 P3 点，如图 3-31 所示。将光标移至第 7 行，单击示教界面下边的"上一条指令"，继续添加 PTP 指令，最后单击示教界面右下角的"OK"软键，完成 P3 点示教，如图 3-32 所示。

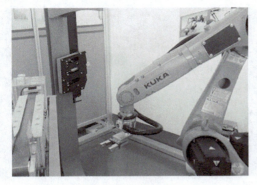

图 3-29　移动机器人到 P2 点

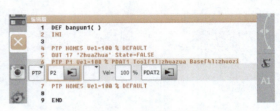

图 3-30　P2 点指令添加

图 3-31　移动机器人到 P3 点

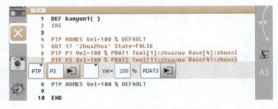

图 3-32　P3 点指令添加

7. 示教：P4 点

手动操作机器人移动到 P4 点，如图 3-33 所示。将光标移至第 8 行，单击示教界面下边的"上一条指令"，继续添加 PTP 指令，最后单击示教界面右下角的"OK"软键，完成 P4 点示教，如图 3-34 所示。

图 3-33　移动机器人到 P4 点

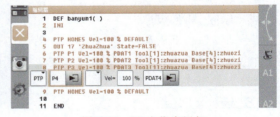

图 3-34　P4 点指令添加

8. 示教：P5 点

手动操作机器人移动到 P5 点，如图 3-35 所示。将光标移至第 9 行，单击示教界面左下角的"指令"→"运动"→"LIN",添加 LIN 指令,修改速度为 0.1m/s,最后单击示教界面右下角的"OK"软键,完成 P5 点示教,如图 3-36 所示。

9. 示教 I/O:气爪夹紧

将光标移至第 10 行,单击示教界面左下角的"指令"→"逻辑"→"OUT",输出端编号默认为 17,输出接通状态改为"TRUE",然后单击示教界面右下角的"OK"软键,完成 OUT 命令参数设置,如图 3-37 所示。

图 3-35 移动机器人到 P5 点

图 3-36 P5 点指令添加

10. 示教等待

为使得气爪可靠夹紧工件,在此设置等待时间 0.5s。将光标移至第 11 行,单击示教界面左下角的"指令"→"逻辑"→"WAIT",设置时间参数,然后单击示教界面右下角的"OK"软键,完成等待示教,如图 3-38 所示。

图 3-37 设置气爪夹紧

11. 示教:P6 点~P9 点和 HOME 点

参照 P4 点,用 LIN 指令示教 P6 点;分别参照 P3 点、P2 点和 P1 点,用 PTP 指令分别示教 P7 点、P8 点和 P9 点;用 PTP 指令回归 HOME 点,如图 3-39 所示,完成机器人从卸料区抓取工件的过程。

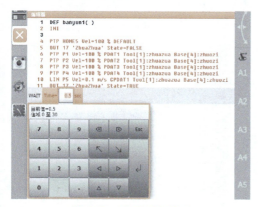

图 3-38 设置抓取延时

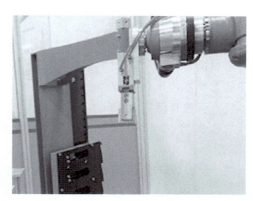

图 3-39 工件搬运至 HOME 点

12. 示教：P10 点

手动操作机器人移动到 P10 点，如图 3-40 所示。将光标移至第 17 行，单击示教界面左下角的"指令"→"运动"→"PTP"，添加 PTP 指令，如图 3-41 所示，最后单击示教界面右下角的"OK"软键，完成 P10 点示教。

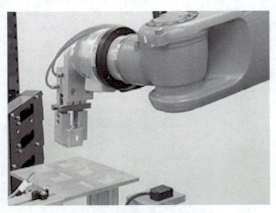

图 3-40 移动机器人到 P10 点

图 3-41 P10 点指令添加

13. 示教：P11 点

手动操作机器人移动到 P11 点，如图 3-42 所示。将光标移至第 18 行，单击示教界面左下角的"指令"→"运动"→"LIN"，添加 LIN 指令，修改速度为 0.1m/s。最后单击示教界面右下角的"OK"软键，完成 P11 点示教，如图 3-43 所示。

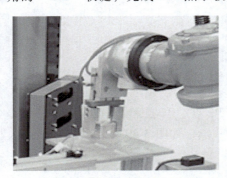

图 3-42 移动机器人到 P11 点

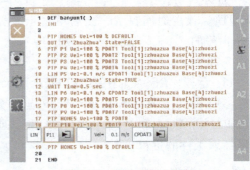

图 3-43 P11 点指令添加

14. 示教 I/O：气爪打开

参照图 3-25，添加 OUT 指令，将气爪打开，工件放置于堆垛区指定地点。

15. 示教等待

为确保气爪可靠打开，参照图 3-38，添加 WAIT 指令。

16. 示教：P12 点和 HOME 点

参照 P10 点，用 LIN 指令示教 P12 点，用 PTP 指令回归 HOME 点，完成机器人从堆垛区放

图 3-44 参考程序

置工件的过程。至此，完成搬运任务。

示教完成，参考程序如图 3-44 所示。

任务五　运行搬运程序

1. 加载程序

示教完成后，保存好的程序必须加载到内存中才能运行。选择"banyun"目录下 banyun1 程序，如图 3-18 所示，单击示教界面下方的"选定"软键完成程序的加载，如图 3-45 所示。

2. 试运行程序

如图 3-45 所示，程序加载后，程序执行的蓝色指示箭头位于初始行。将确认开关调至中间档位并保持，按住示教器左侧蓝色三角形正向运行键，状态栏运行键和程序内部运行状态的文字说明为绿色，如图 3-46 所示，则程序开始试运行，蓝色指示箭头下移。

当蓝色指示箭头移至第 4 行 PTP 命令行时，弹出"BCO"提示信息，如图 3-47 所示，单击"OK"或"全部 OK"软键，继续试运行程序。

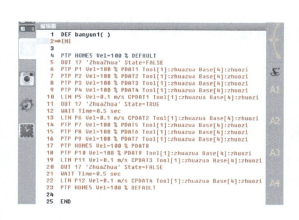

图 3-45　加载程序

图 3-46　状态显示编辑栏

图 3-47　已达 BCO 提示

当蓝色指示箭头移至第 25 行 END 指令时，程序结束，图中程序内部运行状态的文字说明为黑色。如果要重新试运行程序，可以重新加载，单击示教界面上方状态信息栏中程序内部运行状态的文字，如图 3-48 所示，单击"程序复位"软键即可运行；如果要退出程序，则可以单击"取消选择程序"软键。

图 3-48　程序取消或复位

程序试运行过程中，如果程序行有错或示教点有错或机器人运行过程中存在干涉，则可以将光标定位于该程序行，单击示教界面左下角的"更改"软键，进行程序纠错或重新示教，直至整个程序测试无误。

3. 自动运行程序

程序试运行测试无误后，方可进行自动运行程序。

自动运行程序的操作步骤如下：

1）加载程序，如图 3-45 所示。

2）手动操作程序，直至程序提示"BCO"信息，如图 3-47 所示。

3）将图 1-27 所示的连接管理器转动到锁紧位置，弹出运行模式，如图 1-21 所示。选择"AUT"模式，再将连接管理器转动到开锁位置，此时状态显示编辑栏的"T1"改为"AUT"，如图 3-49 所示。

图 3-49　状态显示编辑栏运行模式为"AUT"

4）为安全起见，应降低机器人自动运行速度，将程序调节量设定为 10%。

5）单击示教器左侧蓝色三角形正向运行键，程序自动运行，机器人自动完成搬运任务，自动运行过程中状态显示编辑栏的显示如图 3-50 所示。

图 3-50　自动运行过程中状态显示编辑栏的显示

任务六　循环搬运

图 3-1 所示为机器人从卸料区将一个工件搬运至堆垛区，实质上堆垛区可以放置六个工件。参照任务一~任务四，对其他五个工件分别进行示教编程，并将程序名设置为 banyun2~banyun6。编制主程序，利用计数循环 for 和分支 switch-case 语句循环调用 banyun1~banyun6 子程序，从而实现六个工件的循环搬运。

循环搬运编程步骤如下：

1）单击示教界面左上角或示教器右下角机器人图标进入主菜单，然后单击"配置"→"用户组"→"专家"进入专家模式登录界面，如图 3-51 所示，输入密码"kuka"即可登录。

2）登录后，单击示教界面左下角的"新建"软键，新建主程序 banyun16，如图 3-52 所示。单击"打开"软键，进入程序编辑器，如图 3-53 所示。因为被调用子程序 banyun1~banyun6 中已包含有 HOME 行，所以将主程序中的两个 HOME 行删除。

3）因为有六个子程序需要调用，所以在 INI 行上方声明一个整型变量 int count 作为循

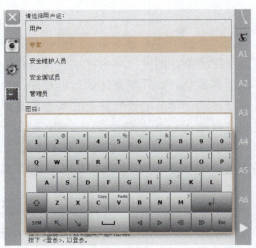

图 3-51　专家模式登录界面

环计数器，如图 3-54 所示。

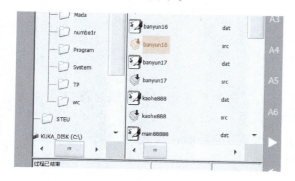

图 3-52　主程序 banyun16

图 3-53　程序编辑器

4）在 INI 行与 END 行之间添加 for 循环，如图 3-55 所示。

图 3-54　int count 整型变量声明

图 3-55　for 循环

5）机器人进行第 i 个工件搬运时，需要执行 banyuni 子程序（$i=1 \sim 6$），在 for 循环中嵌入 switch-case 分支语句，分别调用子程序 banyun1（）~ banyun6（）。完整的循环搬运主程序如图 3-56 所示。

图 3-56　循环搬运主程序

项目小结

通过本项目的学习，学生应掌握 PTP 和 LIN 运动指令以及 OUT 和 WAIT 逻辑指令的基本使用方法；能够进行工业机器人运动轨迹规划和程序流程图的制订；能够进行工具坐标系和基坐标系、运行模式以及运动速度的设定；能够进行程序新建、测试和自动运行；能够进行主程序对子程序调用；能够进行工业机器人操作，并在线示教编程；能够独立完成工业机器人在搬运生产中的实际应用。

练习与思考题

1. 简答题

1）BCO 运行是什么？

2）PTP 运动特征是什么？

3）在 PTP、LIN 和 CIRC 运动中，移动速度是以何种形式给出的？该速度以什么为基准？

4）在 PTP、LIN 和 CIRC 运动中，轨迹逼近距离是以何种形式给出的？

5）CONT 指令重新编程后必须注意什么？

2. 操作题

1）在不同运行模式下测试程序：

① T1 以 100%。

② T2 以 10%、30%、50%、75%、100%。

③ 自动以 100%。

2）试完成以下任务：抓取和放下标牌。气爪的位置如图 3-57 所示。

图 3-57 气爪的位置

项目四
KUKA 工业机器人涂胶编程与操作

涂胶机器人作为一种典型的涂胶自动化设备，具有工件涂层均匀、重复精度好、通用性强、工作效率高等优点。涂胶机器人可代替人进行涂胶或点胶，工作量大，工作效率高，做工精细，质量好。机器人涂胶系统广泛应用于汽车、家具建材和3C产品等领域。

学习目标

1）掌握工业机器人程序的基本概念。
2）掌握 KUKA 工业机器人的基本编程指令。
3）掌握 KUKA 工业机器人涂胶的基本知识。
4）能使用示教器进行工业机器人基本操作和编程。
5）能安全起动工业机器人，并按照安全操作规程来操作机器人。
6）能根据涂胶任务进行工业机器人运动规划、工具坐标系测量、涂胶作业示教编程以及涂胶程序的调试和自动运行。

项目描述

本项目利用 KUKA 工业机器人对图 4-1 所示的仿真平台进行涂胶作业模拟仿真。机器人的作业是控制工具笔（模拟胶枪），使之在涂胶过程中与图 4-1 所示路径保持正确的距离。通过本项目的学习，学生应掌握涂胶工业机器人的编程与操作方法，为工业机器人现场编程与操作、工业机器人安装与调试以及工业机器人系统集成打下基础。

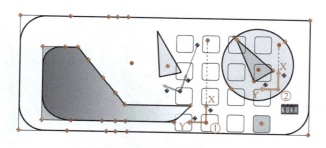

图 4-1 涂胶作业仿真平台

知识准备

一、选择和启动机器人程序

如果要执行一个机器人程序，必须事先将其选中。机器人程序在导航器中程序用户界面上供选择，如图 4-2 所示。通常，在文件夹中创建移动程序。Cell 程序（由 PLC 控制机器人的管理程序）始终在文件夹"R1"中。

图 4-2 中的序号说明如下：
① 导航器：文件夹/硬盘结构。
② 导航器：文件夹/数据列表。
③ 选中的程序。
④ 用于选择程序的按键。

对于程序启动，有启动正向运行程序按键和启动反向运行程序按键供选择，如图 4-3 所示。

启动机器人程序的操作步骤如下：
1）选择程序，如图 4-4 所示。
2）设置程序速度（程序倍率，POV），如图 4-5 所示。

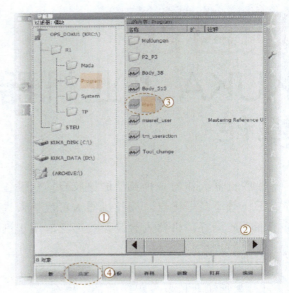

图 4-2 导航器

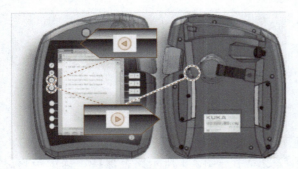

图 4-3 程序运行方向：向前/向后

图 4-4 选择程序

3）按确认键，如图 4-6 所示。

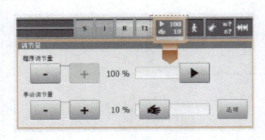

图 4-5 POV 设置

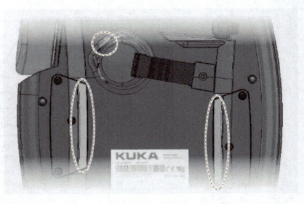

图 4-6 确认键

4）按下启动键（+）并按住，"INI"行得到处理。机器人执行 BCO 运行。

5）到达目标位置后运动停止，如图 4-7 所示。
6）其他流程（根据设定的运行模式）：
① T1 和 T2：通过按启动键继续执行程序。
② AUT：激活驱动装置，如图 4-8 所示。

图 4-7　显示提示信息"已达 BCO"

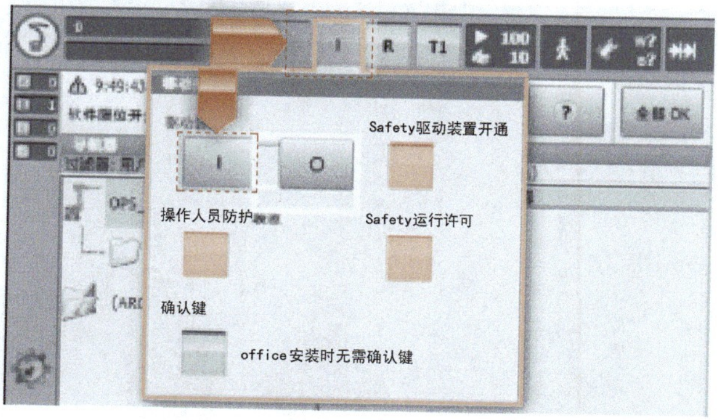

图 4-8　激活驱动装置

二、使用程序文件

1. 创建程序模块

如图 4-9 所示，导航器中的程序模块/编程模块应始终保存在文件夹"Program"（程序）中，也可建立新的文件夹，并将程序模块存放在那里，模块用字母"M"标示。一个模块中可以加入注释，程序模块的属性类注释可含有程序功能的简短说明。

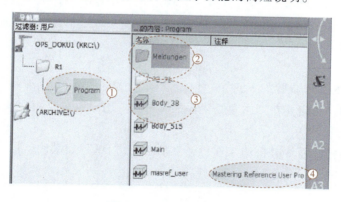

图 4-9　导航器中的模块

图 4-9 中的序号说明如下：
① 程序的主文件夹："Program"（程序）。
② 其他程序的子文件夹。
③ 程序模块/编程模块。
④ 程序模块的注释。

模块由两个部分组成（图 4-10）：
1）源代码：SRC 文件中含有程序源代码。如：

DEF MAINPROGRAM ( )
INI
PTP HOME Vel=100% DEFAULT
PTP POINT1 Vel=100% PDAT1 TOOL[1] BASE[2]
PTP P2 Vel=100% PDAT2 TOOL[1]BASE[2]
…
END

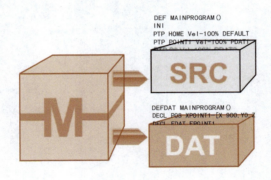

图 4-10　模块组成

2）数据列表：DAT 文件中含有固定数据和点坐标。如：
DEFDAT MAINPROGRAM ( )
DECL E6POS XPOINT1={X 900,Y 0,Z 800,A 0,B 0,C 0,S 6,T 27,E1 0,E2 0,E3 0,E4 0,E5 0,E6 0}
DECL FDAT FPOINT1 …
… ENDDAT

创建编程模块的操作步骤如下：

① 在目录结构中选定要在其中建立程序的文件夹，打开文件夹程序，切换到文件列表。

② 单击"新"软键。

③ 输入程序名称，需要时再输入注释，然后单击"OK"软键确认。

2. 编辑程序模块

编辑方式包括：复制、删除和重命名。

复制操作步骤如下：

1）在文件夹结构中选中文件所在的文件夹。

2）在文件列表中选中文件。

3）单击"复制"软键。

4）给新模块输入一个新文件名，然后单击"OK"软键确认。

删除操作步骤如下：

1）在文件夹结构中选中文件所在的文件夹。

2）在文件列表中选中文件。

3）单击"删除"软键。

4）在安全询问对话框中单击"是"软键，模块即被删除。

重命名操作步骤如下：

1）在文件夹结构中选中文件所在的文件夹。

2）在文件列表中选中文件。

3）单击"编辑"软键改名。

4）用新的名称覆盖原文件名，并单击"OK"软键确认。

三、通过运行日志了解程序和状态变更

指令运行日志用于显示记录，用户在 smartPAD 上的操作过程会被自动记录下来，如图 4-11 和图 4-12 所示。

图 4-11　运行日志-选项卡 Log

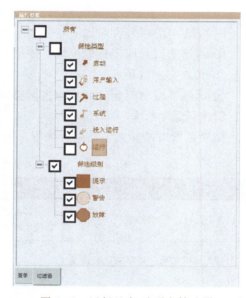

图 4-12　运行日志-选项卡筛选器

图 4-11 中各个序号的说明见表 4-1。

表 4-1　日志注释

序号	说　　明
1	日志事件的类型，各个筛选类型和筛选等级均列在选项卡筛选器中
2	日志事件的编号
3	日志事件的日期和时间
4	日志事件的简要说明
5	所选日志事件的详细说明
6	显示有效的筛选器

使用运行日志功能在每个用户组中都可以显示和配置。

显示运行日志：在主菜单中选择"诊断"→"运行日志"→"显示"。

配置运行日志（图 4-13）：

1）在主菜单中选择"诊断"→"运行日志"→"配置"。
2）设置：添加/删除筛选类型和添加/删除筛选级别。
3）单击"OK"软键以保存配置，然后关闭该窗口。

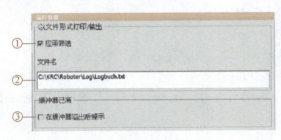

图 4-13　窗口配置运行日志

图 4-13 中的序号说明如下：
① 将筛选设置应用到输出端。如果不勾选，则在输出时不会进行筛选。
② 文本文件路径。
③ 因缓冲溢出而删除的日志数据会以灰色阴影格式显示在文本文件中。

四、创建新运动指令

如果必须对机器人运动进行编程，则在编程前需要解决诸多问题，见表 4-2。

表 4-2　编程前需要解决的诸多问题

问题	方案	关键词
机器人如何记住其位置	工具在空间中的相应位置会被保存（机器人位置对应于所设定的工具坐标系和基坐标系）	POS
机器人如何知道它必须采取的运动方式	通过指定运动方式：点到点、直线或者圆弧	PTP LIN CIRC
机器人运动的速度有多快	两点之间的速度和加速度可通过编程设定	Vel. Acc.
机器人是否必须在每个点上都要停住	为了缩短节拍时间，点也可以轨迹逼近，但因此就不会精确暂停	CONT
如果要到达某个点，工具会沿哪个方向	可以针对每个运动对姿态引导进行单独设置	ORI_TYPE
机器人是否会识别障碍	不会，机器人只会"坚定不移"地沿编程设定的轨迹运动。程序员要负责保证移动时不会发生碰撞，但也有用于保护机器的"碰撞监控"方式	碰撞监控

用示教方式对机器人运动进行编程时必须传输这些信息。为此应使用运动编程联机表格（图 4-14），在该表格中可以很方便地输入这些信息。

运动方式：有不同的运动方式供运动指令编程使用。可根据对机器人工作流程的要求进行运动编程。

1）按轴坐标运动（PTP：Point-To-Point，即点到点）。
2）沿轨迹运动：LIN（直线）和 CIRC（圆弧）。

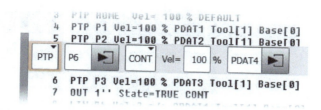

图 4-14 运动编程联机表格

3) SPLINE：样条是一种尤其适用于复杂曲线轨迹的运动方式。这种轨迹原则上也可以通过 LIN 运动和 CIRC 运动生成，但是样条更有优势。

五、精确定位运动和逼近运动

机器人在代替工人进行自动化作业时，必须预先规定机器人作业所需的运动轨迹，即机器人为完成某一作业，工具中心点（TCP）所掠过的路径分为点到点（PTP）和连续运动（CP，包括直线 LIN 和圆弧 CIRC 两种动作类型）两种运动形式。在具体操作中，机器人运动到拐角处有严格运动到点和平滑过渡两种方式，即精确定位运动和逼近运动。

精确定位运动是从起始点准确运动到目标点，一般用于对位置精度要求较高的场合，如焊接、切割等。

机器人在运动过程中，工具 TCP 在运动起点和目标点处方向可能不同，并且可能以多种方向过渡到目标方向。在运动方式 LIN 下姿态导引按如下方式进行设定：在"移动参数"选项窗口，"方向导引"区域选择相应导引方式，如图 4-15 所示，导引方式共有三种，具体含义及说明见表 4-3。

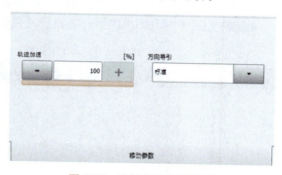

图 4-15 选择相应导引方式

表 4-3 运动方式 LIN 下姿态导引方式的含义及说明

序号	类型	含义及说明	图片举例
1	标准	工具的方向在运动过程中不断变化	
2	手动 PTP	工具的方向在运动过程中不断变化（这种变化不均匀，所以当机器人必须精确地保持特定方向运行时，不宜使用）	

(续)

序号	类型	含义及说明	图片举例
3	恒定	工具的姿态在运动期间保持不变(对于目标点来说,已编程的运动方向被忽略,而起始点的已编程方向被保持)	

在运动方式 CIRC 下,姿态导引选项与 LIN 相同。在 CIRC 运动过程中,机器人控制系统只考虑目标点方向,辅助点方向被忽略。

机器人轨迹逼近运动是指目标点被滑过,即没有准确驶至目标点。机器人做轨迹逼近运动与精确定位运动相比具有以下优点:

1) 由于这些点之间不再需要制动和加速,所以运动系统受到的磨损减少。
2) 节拍时间得以优化,程序可以更快地运行。

在运动方式 LIN 和 CIRC 下的轨迹逼近说明见表 4-4。

表 4-4 在运动方式 LIN 和 CIRC 下的轨迹逼近说明

序号	运动方式	特征
1		轨迹相当于抛物线
2		

KUKA 工业机器人控制器以"CONT"标示的运动指令进行轨迹逼近。例如,单个运动 LIN 联机表格设置如图 4-16 所示,联机表格选项说明见表 4-5。

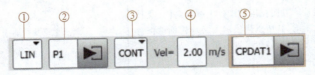

图 4-16 单个运动 LIN 联机表格设置

表 4-5 联机表格选项说明

序号	说 明
1	运动方式：PTP、LIN 或 CIRC
2	目标点的名称。系统自动赋予一个名称,可被改写。触摸箭头,以编辑点数据,然后选项窗口 Frames 自动打开
3	CONT:目标点被轨迹逼近;空白:将精确地移至目标点
4	速度
5	运动数据组名称。系统自动赋予一个名称,可被改写。触摸箭头,编辑数据,打开相关选项

项目实施

利用工业机器人控制胶枪完成玻璃、钢板等的涂胶工作。本项目利用工具笔代替胶枪,使之在三角形、圆形、样条曲线等图形上进行模拟涂胶。工业机器人控制涂胶过程中工具笔与喷涂表面应保持正确的角度和恒定的距离。

任务一 三角形和圆形运动

以图 4-17 所示实训区域中的三角形和圆形轮廓创建新模块;以实训区域红色显示的坐标系为基坐标系,以尖触头作为工具对轮廓进行编程及运行,移动速度均设定为 0.5m/s;程序编辑完成后,依次在运行模式 T1、T2 和自动运行模式下对程序进行测试。

1. 三角形运动

（1）三角形轮廓轨迹规划 三角形轮廓轨迹如图 4-17 所示。在三角形中,将 P2 点设置为轮廓起始点,P5 点设置为轮廓终点（P2 点和 P5 点重合）,在轮廓上方区域找到两个合适点 P1 和 P6 分别作为起始点和终点的安全点。路径依次为从机器人 HOME 点移动到安全点 P1,从 P1 点移动到 P2 点,从 P2 点直线运动到 P3 点,从 P3 点直线运动到 P4 点,从 P4 点直线运动到 P5 点,从 P5（P2）点移动到 P6 点,从 P6 点再回到机器人 HOME 点。

（2）三角形轮廓示教编程

1）进入文件目录界面,选择并打开"R1"文件夹,如图 4-18 所示。

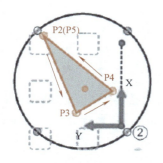

图 4-17 三角形轮廓轨迹

图 4-18 选择"R1"文件夹

2）选择"Program"文件夹,新建用户程序模块均在此文件夹内设置,单击示教器左下方软键"新",建立一个新文件夹,用虚拟键盘输入名称"xunlian",并单击右下方软键"OK",如图 4-19 所示。

3) 打开"xunlian"文件夹，出现如图 4-20 所示的界面。

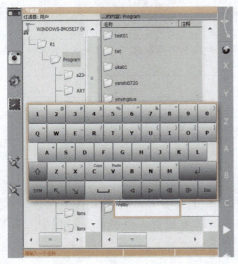

图 4-19 在"Program"文件夹中新建文件夹　　　图 4-20 "xunlian"文件夹无对象

4) 单击示教器左下方的"新"软键，通过虚拟键盘输入程序模块名称"sanjiaoxing"，然后单击右下方的"OK"软键，结果如图 4-21 所示。

5) 选择文件并单击右下方的"打开"软键，以进入程序编辑窗口。

6) 在程序编辑窗口中默认有三行代码，分别为 INI 和两行 PTP HOME 指令，其中 HOME 点是可设置的机器人的原点位置，通常会推荐用户将 PTP HOME 指令作为程序的第一以及最后一个运动指令，如图 4-22 所示。

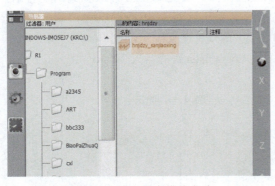

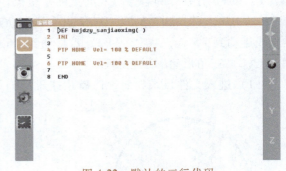

图 4-21 输入程序模块名称　　　　　　　　图 4-22 默认的三行代码

7) 添加指令前需要确认当前工具坐标系和基坐标系。单击示教器屏幕上方坐标系状态指示器，在弹出的窗口中选择当前机器人的工具坐标系为"bi"，基坐标系为"zhuozi"，IPO 模式选择"法兰"，如图 4-23 所示。

8) 回到程序编辑窗口中，手动操作机器人移动到三角形轮廓起始点的安全点位置 P1 点，如图 4-24 所示。

9) PTP 指令联机表格包括了运动方式、目标点名称、精确到位、速度和工件坐标等。默认第一个位置点为 P1，如图 4-25 所示。

10) 手动操作机器人移动到三角形轮廓起始点 P2，如图 4-26 所示。

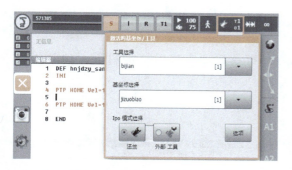

图 4-23 确认工具坐标系、基坐标系和 IPO 模式

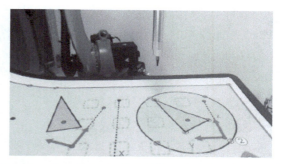

图 4-24 移动到三角形轮廓起始点的安全点位置 P1 点

图 4-25 PTP 指令默认第一个位置点为 P1

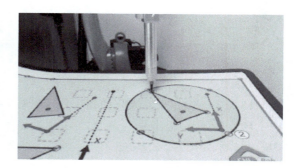

图 4-26 移动到三角形轮廓起始点 P2

11）单击左下方的"指令"软键，选择"运动"一栏，添加 LIN 指令，如图 4-27 所示。

12）LIN 指令添加完成后，选择该指令行，单击左下方"更改"，可对参数进行修改。这里速度设定为 0.5m/s，如图 4-28 所示。

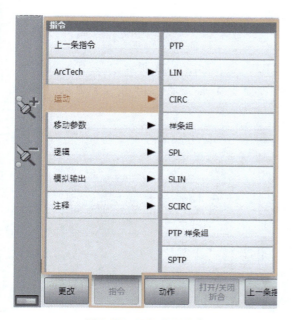

图 4-27 添加 LIN 指令

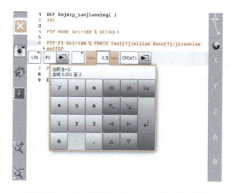

图 4-28 选择指令行进行参数更改

13)指令添加完成后,单击右下方的"指令OK",手动操作机器人移动到三角形轮廓P3点,如图4-29所示。

14)添加LIN指令,并修改速度为0.5m/s。指令添加完成后单击右下方的"指令OK",如图4-30所示。

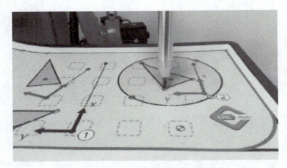

图4-29 移动到三角形轮廓P3点

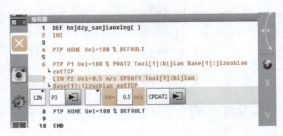

图4-30 添加LIN指令并修改(一)

15)手动操作机器人移动到三角形轮廓P4点,如图4-31所示。

16)添加LIN指令,并修改速度为0.5m/s。指令添加完成后单击右下方的"指令OK",结果如图4-32所示。

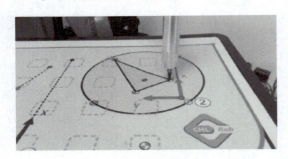

图4-31 移动到三角形轮廓P4点

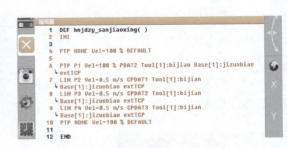

图4-32 添加LIN指令并修改(二)

17)手动操作机器人移动到三角形轮廓P5(P2)点,如图4-33所示。

18)添加LIN指令,并修改速度为0.5m/s。指令添加完成后单击右下方的"指令OK",结果如图4-34所示。

图4-33 移动到三角形轮廓P5点

图4-34 添加LIN指令并修改(三)

19）手动操作机器人移动到安全位置 P6 点，如图 4-35 所示。

20）添加 LIN 指令，并修改速度为 0.5m/s。指令添加完成后单击右下方的"指令 OK"，结果如图 4-36 所示。

至此，三角形轮廓程序编辑完成。

图 4-35　移动到安全位置 P6 点

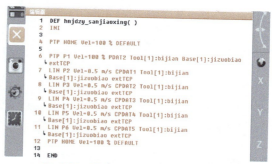

图 4-36　添加 LIN 指令并修改（四）

2. 圆形运动

（1）圆形轮廓轨迹规划　圆形轮廓轨迹如图 4-37 所示。在圆形轮廓中，将 P2 点设置为轮廓起始点，P6 点设置为轮廓终点（P2 点和 P6 点重合），P3～P5 点设置为轮廓中间点，在轮廓上方区域找到两个合适点 P1 和 P7 分别作为起始点和终点的安全点。路径依次为从机器人 HOME 点移动到安全点 P1，P1→P2→P3→P4→P5→P6（P2），最后从 P6 点回到机器人 HOME 点。

（2）圆形轮廓示教编程

1）进入到前面已创建好的"xunlian"文件夹下，单击示教器左下方的"新"软键，创建新程序模块，名称设为"yuan"，进行示教编程。

2）手动操作机器人从 HOME 点移动到安全点位置 P1 点，如图 4-38 所示。

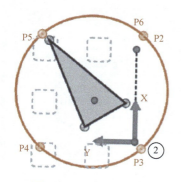

图 4-37　圆形轮廓轨迹

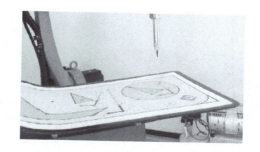

图 4-38　从 HOME 点移动到安全点位置 P1 点

3）在添加指令之前先确认工具坐标系和基坐标系。这里选择工具坐标系"bi"和基坐标系"zhuozi"，如图 4-39 所示。

4）添加 PTP 指令，同时可修改相关参数，这里不做修改，如图 4-40 所示。

5）手动操作机器人移动到圆形轮廓起始点 P2，如图 4-41 所示。

6）添加 LIN 指令，修改速度为 0.5m/s，单击右下方的"指令 OK"，如图 4-42 所示。

7）手动操作机器人移动到圆形轮廓 P3 点，如图 4-43 所示。

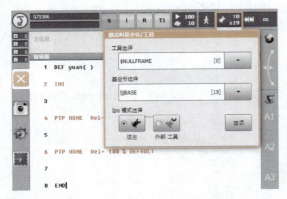

图 4-39 确认工具坐标系和基坐标系

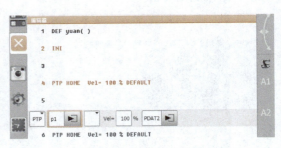

图 4-40 添加 PTP 指令

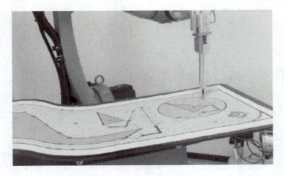

图 4-41 移动到圆形轮廓起始点 P2

图 4-42 添加 LIN 指令并修改（五）

8）添加 CIRC 指令，修改速度为 0.5m/s，选择 P3 点，单击右下方的"辅助点坐标"，最后单击"是"确认要接受点 P3，如图 4-44 所示。

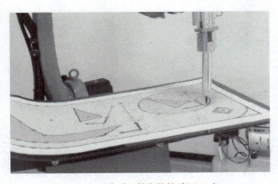

图 4-43 移动到圆形轮廓 P3 点

图 4-44 添加 CIRC 指令并修改确定接受 P3 点

9）手动操作机器人移动到圆形轮廓 P4 点，如图 4-45 所示。

10）选择 P4 点，单击右下方的"目标点坐标"，并单击"是"确认要接受点 P4，如图

4-46所示，最后单击右下方的"指令OK"。

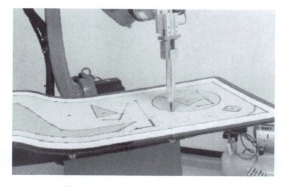

图4-45　移动到圆形轮廓P4点

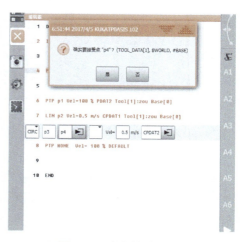

图4-46　确定接受P4点

11）手动操作机器人移动到圆形轮廓P5点，如图4-47所示。

12）添加CIRC指令，修改速度为0.5m/s，选择P5点，单击右下方的"辅助点坐标"，最后单击"是"确认要接受点P5，如图4-48所示。

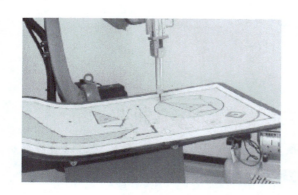

图4-47　移动到圆形轮廓P5点

图4-48　添加CIRC指令并修改确定接受P5点

13）手动操作机器人移动到圆形轮廓P6点（P2点），如图4-49所示。

14）选择P6点，单击右下方的"目标点坐标"，并单击"是"确认要接受点P6，如图4-50所示。

15）手动操作机器人移动到圆形轮廓终点的安全点P7，如图4-51所示。

16）添加LIN指令，修改速度为0.5m/s，并单击右下方的"指令OK"，如图4-52所示。

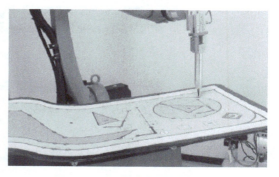

图4-49　移动到圆形轮廓P6点

至此，完成圆形轮廓轨迹程序的编辑，程序如图4-53所示。

图4-50 确认接受P6点

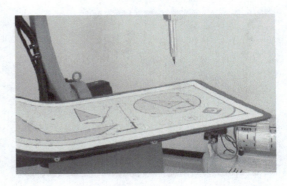

图4-51 移动到圆形轮廓终点的安全点P7

图4-52 添加LIN指令并修改（六）

图4-53 圆形轮廓轨迹程序

任务二 3D轮廓的精确定位运动和逼近运动

分别对图4-54和图4-55所示轨迹线的3D轮廓创建新模块；以黄色显示

图4-54 3D轮廓1

图4-55 3D轮廓2

的坐标系为基坐标系，以尖触头 1 作为工具对 3D 轮廓进行编程及运行，移动速度均设定为 0.2m/s；程序编辑完成后，依次在运行模式 T1、T2 和自动运行模式下对程序进行测试。

1. 3D 轮廓 1

（1）3D 轮廓 1 轨迹规划　　如图 4-56 所示，将 P2 点设为起始点，P14 点设为终点。路径依次为从机器人 HOME 点移动到轮廓起始点的安全点 P1，轨迹路线为：P1→P2→P3→P4→P5→P6→P7→P8→P9→P10→P11→P12→P13→P14（P2）→P15，最后从轮廓终点的安全点 P15 回到机器人 HOME 点。

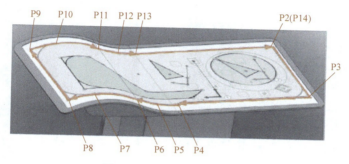

图 4-56　3D 轮廓 1 轨迹规划

（2）3D 轮廓 1 的精确定位运动示教编程

1）在 3D 工作台上以黄色显示的坐标系为基坐标系，以尖触头 1 作为工具，移动速度均设定为 0.2m/s。

2）进入文件目录界面，单击已创建的文件夹"xunlian"，再单击示教器左下方的"新"软键，选择 Modul 模块，并单击右下方的"OK"软键，利用弹出的虚拟键盘输入新建模块名称"dalunkuo"，并单击右下方的"OK"软键。选择新建模块程序"dalunkuo1"，单击右下方的"打开"或左下方的"选定"，进入程序编辑窗口进行程序示教，如图 4-57 所示。

3）手动操作机器人，从机器人 HOME 点移动到轮廓起始点的安全点位置 P1 点，如图 4-58 所示。

图 4-57　程序编辑界面

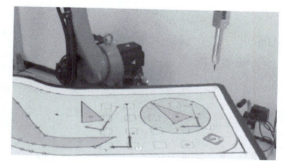

图 4-58　从 HOME 点移动到轮廓起始点的安全点位置 P1 点

4）单击左下方的"指令"，添加 PTP 指令，如图 4-59 所示。

5）添加指令前要选定所需的工具坐标系和基坐标系，单击所添加指令行中 P1 右边的右箭头，出现选择工具坐标系和基坐标系的界面，如图 4-60 所示。

6)工具坐标系选择"bi",基坐标系选择"zhuozi"。

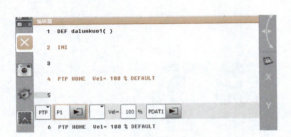

图 4-59 添加 PTP 指令

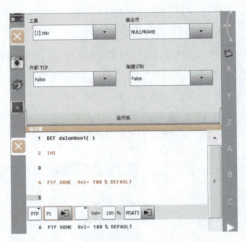

图 4-60 进入选择工具坐标系和基坐标系的界面

7)指令添加完成后,单击右下方的"确定参数",接受示教点 P1 位置,单击"是",如图 4-61 所示。

8)手动操作机器人移动到轮廓起始点 P2,如图 4-62 所示。

图 4-61 接受示教点 P1 位置

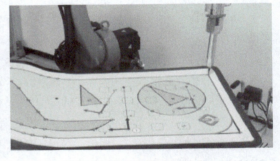

图 4-62 移动到轮廓起始点 P2

9)添加 LIN 指令,并修改速度为 0.2m/s。指令添加完成后,单击右下方的"指令 OK",界面如图 4-63 所示。

10)手动操作机器人移动到轮廓 P3 点,如图 4-64 所示。

11)添加 LIN 指令,并修改速度为 0.2m/s。指令添加完成后,单击右下方的"指令

图 4-63 添加 LIN 指令并修改(七)

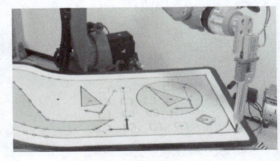

图 4-64 移动到轮廓 P3 点

OK"，界面如图 4-65 所示。

12）手动操作机器人移动到轮廓 P4 点，如图 4-66 所示。

图 4-65 添加 LIN 指令并修改（八）

图 4-66 移动到轮廓 P4 点

13）添加 LIN 指令，并修改速度为 0.2m/s。指令添加完成后，单击右下方的"指令 OK"，界面如图 4-67 所示。

14）手动操作机器人移动到轮廓 P5 点，如图 4-68 所示。

图 4-67 添加 LIN 指令并修改（九）

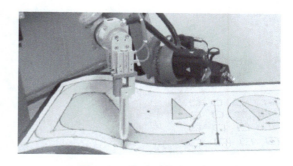

图 4-68 移动到轮廓 P5 点

15）添加 CIRC 指令，并修改速度为 0.2m/s，选择 P5 点，单击右下方的"辅助点坐标"，最后单击"是"确认接受点 P5，如图 4-69 所示。

16）手动操作机器人移动到轮廓 P6 点，如图 4-70 所示。

17）在指令行中选择 P6 点，单击右下方的"目标点坐标"，并单击"是"确认接受点 P6，如图 4-71 所示。

18）指令完成后，单击右下方的"指令 OK"，界面如图 4-72 所示。

19）手动操作机器人移动到轮廓 P7 点，如图 4-73 所示。

20）添加 CIRC 指令，并修改速度为 0.2m/s，选择 P7 点，单击右下方的"辅助点坐标"，最后单击"是"确认接受点 P7，如图 4-74 所示。

图 4-69　添加 CIRC 指令并修改确认接受点 P5

图 4-70　移动到轮廓 P6 点

图 4-71　确认接受点 P6

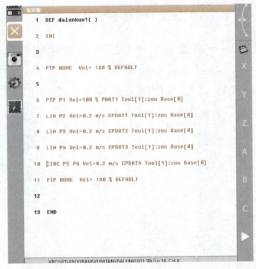

图 4-72　添加 CIRC 指令成功

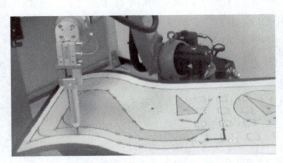

图 4-73　移动到轮廓 P7 点

图 4-74　添加 CIRC 指令并修改确认接受点 P7

21）手动操作机器人移动到轮廓 P8 点，如图 4-75 所示。

22）在指令行中选择 P8 点，单击右下方的"目标点坐标"，并单击"是"确认接受点 P8，如图 4-76 所示。

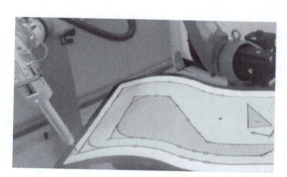

图 4-75　移动到轮廓 P8 点

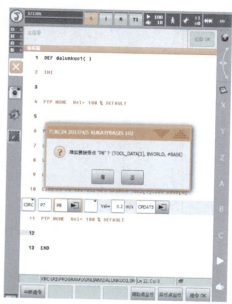

图 4-76　确认接受点 P8

23）指令添加完成后，单击右下方的"指令 OK"，成功添加 CIRC 指令，界面如图 4-77 所示。

24）手动操作机器人移动到轮廓 P9 点，如图 4-78 所示。

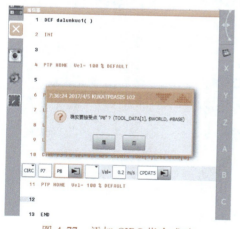

图 4-77　添加 CIRC 指令成功

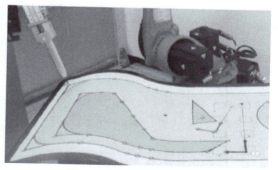

图 4-78　移动到轮廓 P9 点

25）添加 LIN 指令，并修改速度为 0.2m/s。指令添加完成后，单击右下方的"指令 OK"，界面如图 4-79 所示。

26）手动操作机器人移动到轮廓 P10 点，如图 4-80 所示。

27）添加 CIRC 指令，并修改速度为 0.2m/s，选择 P10 点，单击右下方的"辅助点坐标"，最后单击"是"确认接受点 P10，如图 4-81 所示。

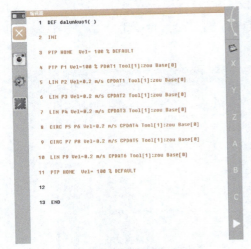
图 4-79 添加 LIN 指令并修改（十）

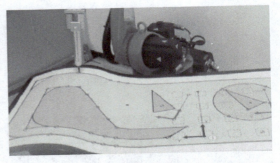
图 4-80 移动到轮廓 P10 点

28）手动操作机器人移动到轮廓 P11 点，如图 4-82 所示。

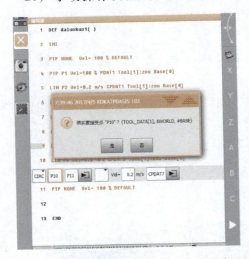
图 4-81 添加 CIRC 指令并修改确认接受点 P10

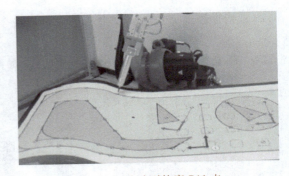
图 4-82 移动到轮廓 P11 点

29）在指令行中选择 P11 点，单击右下方的"目标点坐标"，并单击"是"确认接受点 P11，如图 4-83 所示。

30）指令完成后，单击右下方的"指令 OK"，成功添加 CIRC 指令，界面如图 4-84 所示。

31）手动操作机器人移动到轮廓 P12 点，如图 4-85 所示。

32）添加 CIRC 指令，并修改速度为 0.2m/s，选择 P12 点，单击右下方的"辅助点坐标"，最后单击"是"确认接受点 P12，如图 4-86 所示。

33）手动操作机器人移动到轮廓 P13 点，如图 4-87 所示。

34）在指令行中选择 P13 点，单击右下方的"目标点坐标"，并单击"是"确认接受点 P13，如图 4-88 所示。

35）单击右下方的"指令 OK"，成功添加 CIRC 指令，界面如图 4-89 所示。

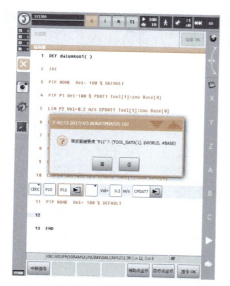

图 4-83　确认接受点 P11

图 4-84　添加 CIRC 指令成功

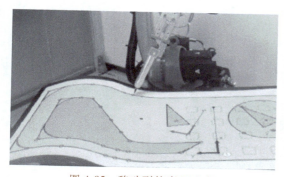

图 4-85　移动到轮廓 P12 点

图 4-86　添加 CIRC 指令并修改确认接受点 P12

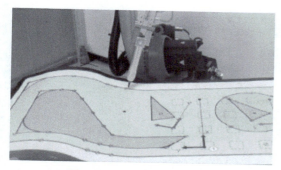

图 4-87　移动到轮廓 P13 点

图 4-88　确认接受点 P13

36）轮廓终点 P14 和轮廓起始点 P2 重合，所以可将 P2 点位置程序作为 P14 点的位置。

37）选择 P13 点指令行，单击"编辑"，选择"添加"，P14 点位置指令添加成功，如图 4-90 所示。

图 4-89　添加 CIRC 指令成功

图 4-90　添加 P14 点位置指令

38）手动操作机器人移动到轮廓终点的安全点位置 P15 点，如图 4-91 所示。

39）添加 LIN 指令，并修改速度为 0.2m/s。指令添加完成后，单击右下方的"指令 OK"，界面如图 4-92 所示。至此，完成程序的编辑。

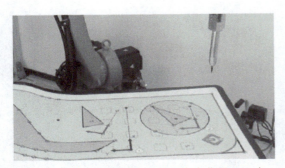

图 4-91　移动到轮廓终点的安全点位置 P15 点

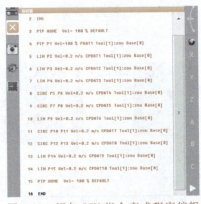

图 4-92　添加 LIN 指令完成程序编辑

2. 3D 轮廓 2

（1）3D 轮廓 2 轨迹逼近规划　如图 4-93 所示，3D 轮廓 2 轨迹逼近规划与 3D 轮廓 1 轨迹规划相同。

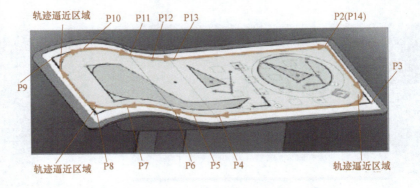

图 4-93　3D 轮廓 2 轨迹逼近规划

（2）3D 轮廓 2 的轨迹逼近运动示教编程　3D 轮廓 2 的轨迹逼近运动示教编程与 3D 轮廓 1 的基本相同，不同点在于点 P3、P8 和 P9 的编程参数设置不同。

1）备份图 4-92 所示的程序。如图 4-94 所示，选择程序名"dalunkuo1"，单击屏幕下方软键"备份"，弹出的对话框如图 4-95 所示，通过软键盘输入"dalunkuo2"，完成程序备份。

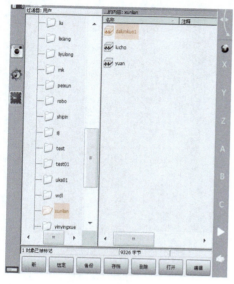

图 4-94　选择程序名"dalunkuo1"

图 4-95　备份"dalunkuo2"

2）打开程序"dalunkuo2"，选择 P3 点指令行，单击左下方的"更改"软键，界面如图 4-96 所示。

3）在此指令行，单击图 4-96 所示图框中的下拉箭头，选择"CONT"，结果如图 4-97 所示。

图 4-96　更改 P3 点指令行

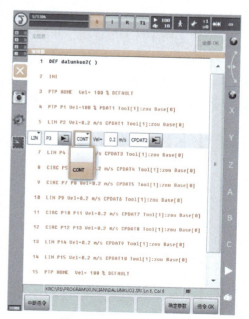

图 4-97　选择"CONT"

4) 单击右下方的"指令OK",该行指令修改成功,如图4-98所示。

5) 重复上述步骤2)~4),依次对P8点和P9点指令行进行修改,修改后的程序如图4-99所示。

图4-98　P3点指令行修改成功

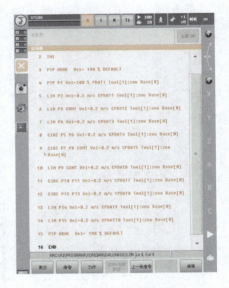

图4-99　修改后的程序

任务三　采用样条组的轨迹轮廓编程

本任务将创建一个带样条组的运动程序,样条轮廓如图4-100所示;测定图中的基坐标系,在编程时以此基坐标系为参考;使用已测定的工具坐标系;程序运行速度设定为0.3m/s;使用样条组、SPL、SLIN和SCIRC编制复杂程序;分别在运行模式T1、T2和自动运行模式下测试已编辑程序。

1. 轨迹规划

采用样条组编程时,为实现样条组的轨迹逼近,必须对程序进行更改:用SLIN-SPL-SCIRC代替LIN-CIRC,用SLIN-SPL-SLIN代替LIN-LIN。因此,对图中整个轨迹轮廓采用样条组编程时,其轨迹路径如图4-101所示。

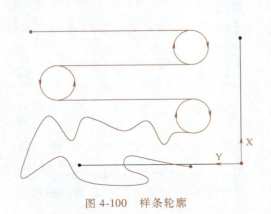

图4-100　样条轮廓　　　　　　　　图4-101　轨迹路径

其中，从 P4~P18 点轨迹为规则的，运动方式包含 SLIN 和 SCIRC；从 P18~P47 点轨迹为不规则曲线，运动方式为 SPL。另外，从 HOME 点到 P4 点、P47 点到 HOME 点中间分别添加安全点 P3 和 P48。

2. 采用样条组轨迹轮廓示教编程

1）测量基坐标系。用已测定的工具坐标系（编号 12［gongju_bi］）测量图 4-101 所示轮廓中的黄色坐标系，编号为 19，作为样条组编程的参考基坐标系，如图 4-102 所示。

2）新建程序模块，名称命名为"ytprog"，如图 4-103 所示。

图 4-102 测量基坐标系

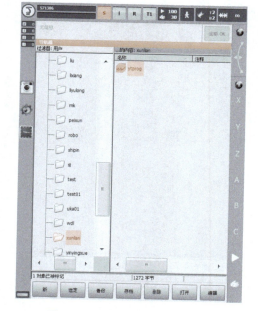

图 4-103 新建程序模块并命名

3）选择新建模块，单击"打开"，进入程序编辑界面，如图 4-104 所示。再选取合适位置作为机器人 HOME 点并确认。

4）在基坐标系（编号 19）下，调整机器人姿态，将机器人移动到起始点 P4 上方 P3 点位置作为安全点，如图 4-105 所示。然后，在程序编辑界面添加 SPTP（或 SLIN）指令，如图 4-106 所示。

5）触摸箭头，在坐标系选项窗口选择参考工具坐标系（编号 12）、基坐标系（编号 19），其他选项采用默认值，完成坐标系的选择，如图 4-107 所示。选好工具坐标系和基坐标系后，单击"指令 OK"软键（首次编辑目标位置自动被采用当前位置），完成机器人从 HOME 点到 P3 点的轮廓轨迹编程。

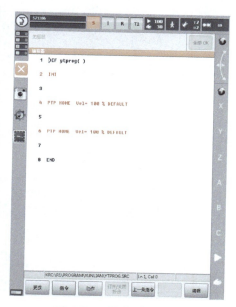

图 4-104 程序编辑界面

6) 在基坐标系（编号19）下，手动操作机器人移动到 P4 点位置，如图 4-108 所示；添加 SPTP（或 SLIN）指令，并单击"指令 OK"确认采用当前位置，完成机器人从 P3 点到 P4 点的轮廓轨迹编程，如图 4-109 所示。

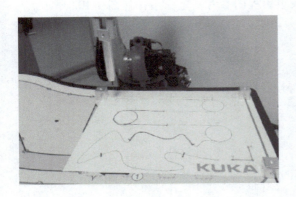

图 4-105　移动到安全点 P3

图 4-106　添加 SPTP 指令

图 4-107　坐标系的选择

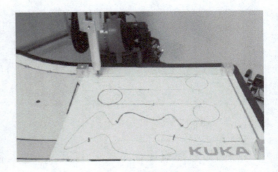

图 4-108　移动到轮廓 P4 点

图 4-109　添加 SPTP 指令完成轨迹编程

7) 从 P4 点位置开始采用样条组编程，添加运动指令参数"样条组"并修改运行速度为 0.3m/s，如图 4-110 所示。联机表格设置完成后，单击"指令 OK"，确认指令添加完成，如图 4-111 所示。

项目四 | KUKA 工业机器人涂胶编程与操作

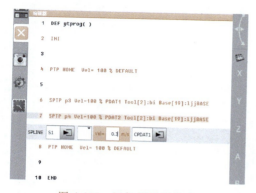

图 4-110 添加样条组指令

图 4-111 样系组指令添加完成

图 4-112 样条组编程指令添加到样条组中

8) 单击下方"打开/关闭折合",样条组可供使用运动指令（SLIN、SCIRC、SPL）均可添加到样条组程序中,如图 4-112 所示。

9) 在基坐标系（编号 19）下,将机器人移动到 P5 点位置,如图 4-113 所示。

10) 添加 SLIN 指令,并单击"指令 OK"确认采用当前位置,完成机器人从 P4 点到 P5 点的运动轨迹编程,如图 4-114 所示。

11) 在基坐标系（编号 19）下,将机器人移动到 P6 点位置,如图 4-115 所示。添加 SPL 指令,并单击"指令 OK"确认采用当前位置,完成机器人从 P5 点到 P6 点的运动轨迹编程,如图 4-116 所示。

12) 经过了 P6 点机器人进入圆弧轨迹区域,添加 SCIRC 指令,如图 4-117 所示。

13) 将机器人分别移动到 P7 点（圆弧辅助点）和 P8 点（圆弧目标点）位置,并在示教器上分别对辅助点坐标和目标点坐标进行确认,再单击"指令 OK",如图 4-118 所示。

14) 将机器人移动到 P9~P18 点位置,重复步骤 6)~13),完成机器人从 P8 点~P18 点的运动轨迹编程,如图 4-119 所示。

115

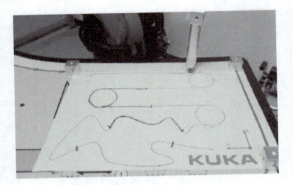

图 4-113　移动到轮廓 P5 点

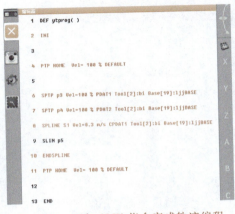

图 4-114　添加 SLIN 指令完成轨迹编程

图 4-115　移动到轮廓 P6 点

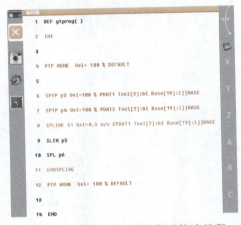

图 4-116　添加 SPL 指令完成轨迹编程

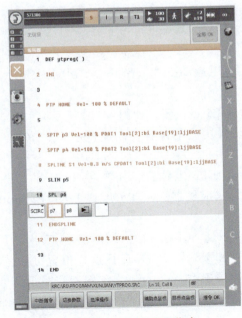

图 4-117　添加 SCIRC 指令

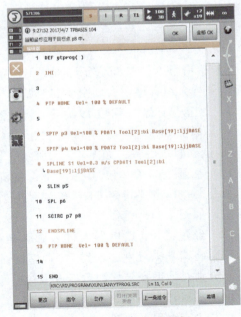

图 4-118　确认指令添加

15）在基坐标系（编号 19）下，将机器人移动到 P19 点位置，如图 4-120 所示。

16）添加 SPL 指令，并单击"指令 OK"确认采用当前位置，完成机器人从 P18 点到 P19 的运动轨迹编程，如图 4-121 所示。

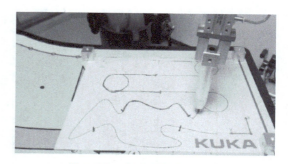

图 4-120 移动到轮廓 P19 点

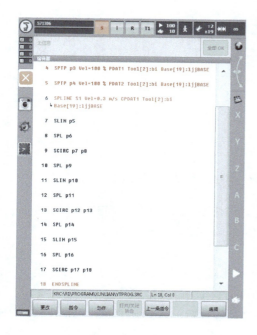

图 4-119 完成从 P8 点~P18 点的轨迹编程

图 4-121 添加 SPL 指令完成轨迹编程

17）将机器人移动到 P20~P47 点位置，重复步骤 15）~16），完成机器人从 P19 点~P47 点的运动轨迹编程，如图 4-122 所示。

18）在基坐标系（编号 19）下，将机器人移动到 P48 点位置（轨迹结束后的安全点），如图 4-123 所示。

19）在结束样条组编程的程序行"ENDSPLINE"下方添加 SPTP（或 SLIN）指令，并单击"指令 OK"确认采用当前位置，完成机器人从 P47 点~P48 点的轮廓轨迹编程，如图 4-124 所示。

至此，样条组程序编辑完成，关闭程序窗口，程序更改自动被存储。

图 4-122 完成从 P19 点~P47 点的轨迹编程

KUKA 工业机器人编程与操作

图 4-123 移动到 P48 点

图 4-124 添加 SPTP 指令完成轨迹编程

任务四 主程序对子程序调用

本任务将创建一个主程序 main2，调用任务一的三角形、圆形程序（sanjiaoxing 和 yuan）以及任务二的精确定位运动、逼近运动程序（dalunkuo1 和 dalunkuo2）。

主程序调用子程序编程步骤如下：

1）如图 4-125 所示，单击示教界面左上角或示教器右下角机器人图标进入主菜单，然后单击"配置"→"用户组"进入用户模式选择界面，如图 4-126 所示。

2）在图 4-126 中，选择"专家"，在密码处通过软键盘输入初始密码"kuka"，单击右下角的"登录"软键进入专家模式，如图 4-127 所示，同时状态栏提示系统进入专家模式。

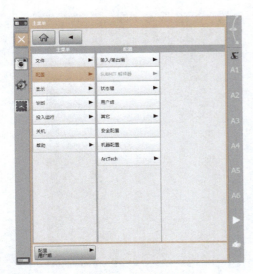

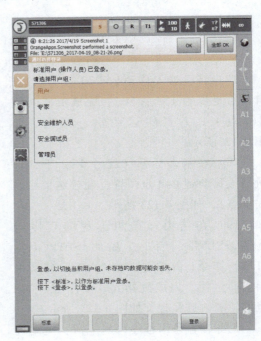

图 4-125 主菜单界面

图 4-126 用户模式选择界面

3）先打开文件夹 R1，在图 4-128 所示的屏幕左侧选择"Modul"，再单击左下角的"新建"软键，建立一个主程序 main2 的程序模块，如图 4-129 所示。

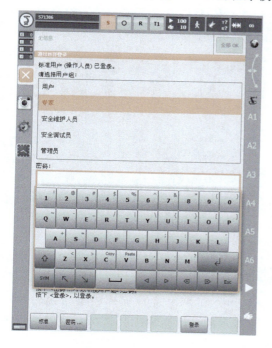

图 4-127　专家模式

图 4-128　模板选择

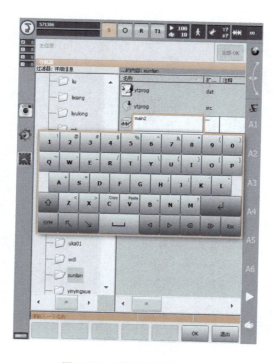

图 4-129　新建主程序 main2

4）选择主程序 main2，单击"打开"软键，编辑主程序 main2，如图 4-130 所示。

5）由于任务一和任务二的四个程序中均存在 HOME 语句，所以把图 4-130 所示的主程序 main2 中两行 HOME 语句删除。在空白处通过软键盘输入子程序。注意：子程序由任务一和任务二中程序名与小括号构成，主程序 main2 如图 4-131 所示。

图 4-130　程序编辑器

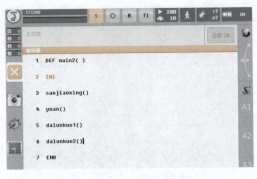

图 4-131　主程序 main2

任务五　以外部的轨迹轮廓运动编程

本任务以机器人引导活动工件，利用外部 TCP 完成弧形板上轨迹轮廓运动，如图 4-132 所示；以实训区域蓝色显示的坐标系为工具坐标系，以固定尖触头作为基坐标系对轮廓进行编程及运行，移动速度均设定为 0.3m/s；程序编辑完成后，依次在运行模式 T1、T2 和自动运行模式下对程序进行测试。

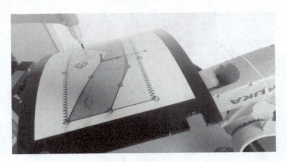

图 4-132　轨迹运动轮廓

1. 轨迹轮廓运动规划

如图 4-133 所示，将 P3 点设为起始点，也设为终点。路径依次为从机器人 HOME 点通过中间点 P1 移动到轮廓起始点的安全点 P2，轨迹路线为：P1→P2→P3→P4→P5→P6→P7→P8→P9→P10→P11→P12→P3→P13（P2）→P14（P1）。

2. 以外部的轨迹轮廓运动示教编程

1）新建程序模块"waibuguiji"，选择程序模块，单击"打开"软键，进入程序编辑

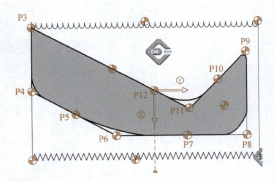

图 4-133　轨迹轮廓运动规划

窗口。手动操作机器人运动并选择合适点作为 HOME 点，如图 4-134 所示。

图 4-134　HOME 点

2）将光标移至第一个 HOME 程序行，单击"更改"，联机表格处于可编辑状态，如图 4-135 所示。将 HOME 点名称更改为 HOME8 点，速度更改为 50%，然后单击"指令 OK"，在弹出的选择框中选择"是"，确认数据表更改，在系统询问选择框中选择"是"，保留 HOME 点，HOME 程序行更改完成。同样地，修改第二个 HOME 程序行，在系统询问选择框中选择"否"，保留 HOME 点。修改后的 HOME 程序如图 4-136 所示。

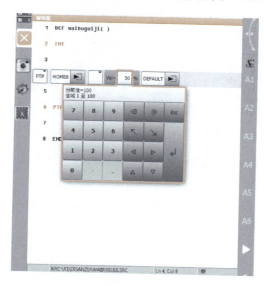

图 4-135　HOME 程序修改

图 4-136　修改后的 HOME 程序

3) 手动操作机器人移至安全点 P2 与 HOME 点之间的中间点 P1，尽量调整好机器人姿态，如图 4-137 所示。

图 4-137　中间点 P1

4) 单击左下方的"指令"，添加 SPTP 指令，如图 4-138 所示。选择"CONT"进行轨迹逼近，速度继续设为 50%，单击"指令 OK"完成机器人运动到 P1 点的程序。

5) 手动操作机器人移至轮廓起始点的上方，作为机器人安全点 P2，如图 4-139 所示。

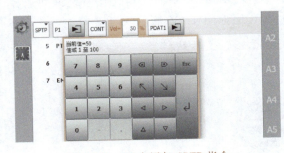

图 4-138　P1 点添加 SPTP 指令

图 4-139　安全点 P2

6) 单击左下方的"指令"，添加 SPTP 指令，单击"指令 OK"完成机器人运动到 P2 点的程序，如图 4-140 所示。

7) 手动操作机器人，将机器人轮廓起始点 P3 移至外部 TCP，调整机器人姿态使固定工具垂直于轮廓，如图 4-141 所示。

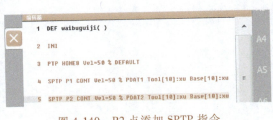

图 4-140　P2 点添加 SPTP 指令

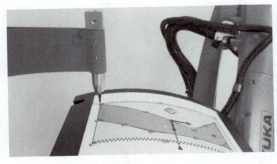

图 4-141　P3 点

8) 单击左下方的"指令"，添加 SPTP 指令，触摸名称 P3 处箭头图标，进入坐标系设置窗口，如图 4-142 所示。选择弧形板为工具坐标系，固定笔尖为基坐标系，IPO 模式为外部工具，即外部 TCP 选择为 true，单击"指令 OK"完成程序添加。

9) 手动操作机器人，将活动工件轮廓上的 P4 点移至外部 TCP，如图 4-143 所示。

10）单击左下方的"指令"，添加运动至 P4 点的 SLIN 指令，选择轨迹逼近以优化运行时间，速度设置为 0.3m/s。触摸最右侧箭头图标，进入移动参数设置窗口，如图 4-144 所示。更改圆滑过渡距离为 20mm，关闭设置窗口，单击"指令 OK"完成程序添加，如图 4-145 所示。

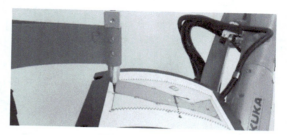

图 4-143　P4 点

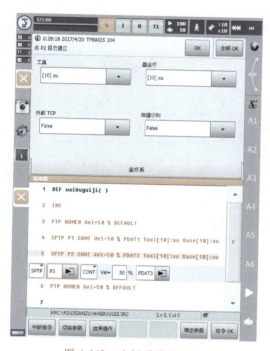

图 4-142　坐标系设置窗口

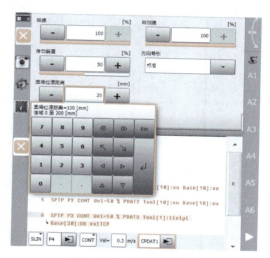

图 4-144　参数设置窗口

11）添加 SCIRC 指令，将活动工件轮廓圆弧中间点 P5（圆弧辅助点）和 P6（圆弧目标点）分别移至外部 TCP，手动调整机器人姿态使外部固定工具与活动工件法向垂直，如图 4-146 和图 4-147 所示，并在示教器上分别对辅助点坐标和目标点坐标进行确认。

图 4-145　参数设置完成

图 4-146　P5 点

12)选择"CONT"进行轨迹逼近,触摸最右侧箭头图标,进入移动参数设置窗口,如图4-148所示。更改圆滑过渡距离为100mm,方向导引选择以轨道为参照,关闭设置窗口,单击"指令OK"完成程序添加,如图4-149所示。

13)按照步骤11)和12)的方法,完成P7点和P8点间圆弧轨迹编程,如图4-150所示。

14)手动操作机器人,将活动工件轮廓上P9点移至外部TCP,如图4-151所示。

图 4-147　P6 点

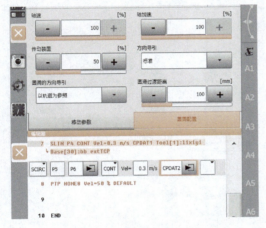

图 4-148　参数设置窗口

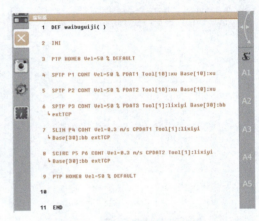

图 4-149　参数设置完成

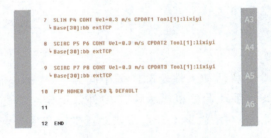

图 4-150　P7 点和 P8 点间圆弧轨迹编程

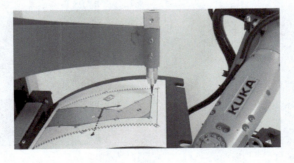

图 4-151　P9 点

15）单击左下方的"指令"，添加运动至 P9 点的 SLIN 指令，选择轨迹逼近以优化运行时间，速度设置为 0.3m/s。触摸最右侧箭头图标，进入移动参数设置窗口，参考图 4-148 更改圆滑过渡距离为 10mm，关闭设置窗口，单击"指令 OK"完成指令添加，如图 4-152 所示。

图 4-152　P9 点 SLIN 指令添加完成

16）按照步骤 11）和 12）的方法，完成点 P10 和 P11 间以及点 P12 和 P3 间圆弧轨迹编程。注意：①手动调整机器人姿态使外部固定工具与活动工件法向垂直；②这里是借用 P3 点，不能覆盖，在图 4-153 所示的对话框中选择"否"，完成程序添加，如图 4-154 所示。

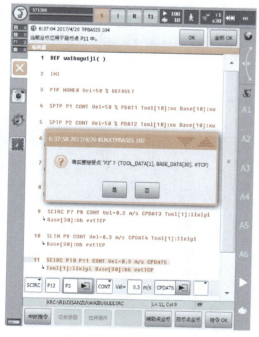

图 4-153　不能覆盖 P3 点

图 4-154　P10 与 P11 点间以及
P12 与 P3 点间圆弧轨迹编程

17）手动操作机器人，将机器人从安全点 P13（P2）经过中间点 P14（P1）回 HOME

点，完成程序添加如图 4-155 所示。

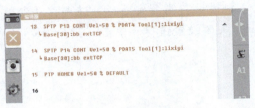

图 4-155　机器人从安全点 P13（P2）经过中间点 P14（P1）回 HOME 点程序

至此，完成以外部的轨迹轮廓运动编程。

项目小结

本项目主要介绍了 KUKA 工业机器人三角形和圆形运动、3D 轮廓的精确定位运动和逼近运动、采用样条组的轨迹轮廓编程、主程序对子程序调用、以外部的轨迹轮廓运动编程。通过本项目五个任务的学习和实际操作，学生应掌握 KUKA 工业机器人基本指令、操作和编程。在基础知识方面，学生应掌握运动指令和逻辑指令、BCO 概念和程序基础；在技能学习方面，学生应掌握基本指令的应用、参数修改、程序示教、程序运行等，掌握 KUKA 工业机器人的编程指令及程序设计步骤，能完成工业机器人基本操作和编程，并在实际工作中进行简单应用。

练习与思考题

1. 简答题

1）简述联机表格的格式及含义。

2）简述精确定位与轨迹逼近的不同。

3）简述 PTP、LIN、CIRC 和 SPTP、SLIN、SCIRC 的不同。

4）简述工具笔为工具坐标和基坐标时的编程差异。

2. 操作题

对图 4-156 所示的 3D 轮廓创建新模块；以坐标系①为基坐标系，以尖触头 1 作为工具对 3D 轮廓进行精确定位运动和轨迹逼近运动编程及运行，移动速度均设定为 0.2m/s；程序编辑完成后，依次在运行模式 T1、T2 和自动运行模式下对程序进行测试。

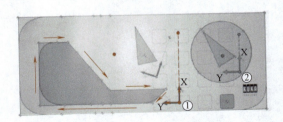

图 4-156　工作台

项目五
基于 RobotArt KUKA 工业机器人离线编程

机器人编程是指为了使机器人完成某项作业而进行的程序设计。目前，应用于机器人的编程方法主要有三种：示教编程、机器人语言编程和离线编程。

示教编程是一项成熟的技术，它是目前大多数工业机器人的编程方式。采用这种编程方法时，程序编制是在机器人现场进行的。

机器人语言编程是指采用专用机器人语言来描述机器人运动轨迹。目前应用于工业中的机器人语言是动作级和对象级语言。

离线编程是在专门的软件环境下，用专用或通用程序在离线情况下进行机器人轨迹规划编程的一种方法。离线编程程序通过支持软件的解释或编译产生目标程序代码，最后生成机器人路径规划数据。一些离线编程系统带有仿真功能，可以在不接触实际机器人工作环境的情况下，在三维软件中提供一个与机器人进行交互作用的虚拟环境。

与在线示教编程相比，离线编程具有以下优点：

1）减少机器人不工作时间。当对机器人下一个任务进行编程时，机器人仍可在生产线上工作，编程不占用机器人的工作时间。

2）使编程者远离危险的编程环境。

3）使用范围广。离线编程系统可对机器人的各种工作对象进行编程。

4）便于与 CAD/CAM 系统结合，做到 CAD/CAM/Robotics 一体化。

5）可使用高级计算机编程语言对复杂任务进行编程。

6）便于修改机器人程序。

学习目标

1）了解主要的离线编程软件。
2）掌握 RobotArt 软件离线编程流程。
3）掌握 RobotArt 软件的轨迹优化以及程序后置。
4）掌握复杂生产线动画设计。

项目描述

本项目主要内容：RobotArt 软件的安装与许可证申请、三维球的使用、轨迹生成、轨迹优化、程序后置、真机运行以及小型生产线动画设计等。

知识准备

一、RobotArt 离线编程软件简介

RobotArt 是北京华航唯实机器人科技股份有限公司推出的工业机器人离线编程仿真软件，软件根据几何数模的拓扑信息生成机器人运动轨迹，之后轨迹仿真、路径优化、后置代码自动生成，同时集干涉检测、场景渲染、动画输出于一体，可快速生成效果逼真的模拟动画。它广泛应用于打磨、去毛刺、焊接、激光切割及数控加工等领域。RobotArt 教育版针对教学实际情况，增加了模拟示教器、自由装配等功能，帮助初学者在虚拟环境中快速认识机器人、快速学会机器人示教器基本操作，大大缩短了学习周期，降低了学习成本。

RobotArt 的主要优点如下：

1) 一站式解决方案集轨迹生成、修改、机器人仿真、后置和工艺于一体。

2) 自由的轨迹规划了 2D、3D 曲线，用于设计任意的轨迹。

3) 兼容各种厂商的机器人，具备机器人参数与几何模型，可定义任意的 3~7 轴机器人。

4) 可视化工艺管理提供可视化工艺管理工具，最终用户可定义自己的工艺包。

5) 多种实用工具提供干涉检测、测量和场景渲染等多种功能，可用于设计或展示。

RobotArt 的工作流程分为轨迹设计、仿真、后置和真机运行，如图 5-1 所示。

图 5-1 RobotArt 的工作流程

二、RobotArt 软件的基本功能

针对 RobotArt 教育版（图 5-2），下面详细介绍软件的主要功能界面。

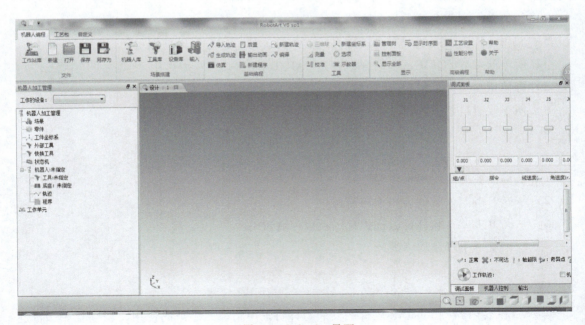

图 5-2 RobotArt 界面

教育版主要分成三个模块，分别是机器人编程（即离线编程）、工艺包和自定义。

1. 机器人编程

机器人编程界面如图 5-3 所示。

图 5-3 机器人编程界面

机器人编程功能区主要包含添加工具、生成轨迹及仿真模拟等。

（1）文件操作　用于新建、打开和保存 robx 格式文件，此文件格式专为机器人离线编程仿真设计，是目前唯一一款低版本软件可以打开高版本文件的文件格式。

（2）工作准备　在虚拟环境下，用 RobotArt 软件对机器人工作轨迹进行模拟时，需要事先做准备工作，选择需要操作的零件，添加正确的机器人末端工具，最后导入恰当的机器人底座。例如，单击"设备库"→"油盘"，结果如图 5-4 所示。

（3）轨迹操作　机器人工作的模拟轨迹主要来自两个方面：软件生成和外部导入，如图 5-5 所示。

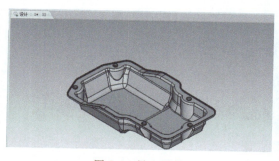

图 5-4 导入零件

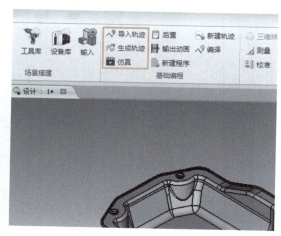

图 5-5 轨迹操作方式

这些轨迹点可以根据需要进行编辑、删除或者插入。

（4）机器人操作

1）选择机器人。可以通过机器人设置对话框选择机器人类型。单击"机器人库"，在品牌里选择"KUKA 机器人"，从筛选结果里选择"KUKA-KR5-R1400"，同时可以根据任务需要，选择合适的机器人，导入结果如图 5-6 所示。

2）仿真。机器人根据轨迹点模拟工作路径，建立仿真环境。具体步骤为：单击菜单栏中的"仿真"选项，在软件下方会弹出新的仿真窗口，具体如图 5-7 所示。

3）后置。机器人在软件环境下模拟工作路径，如果没有出现问题，就可以后置出机器

图 5-6 导入 KUKA 机器人

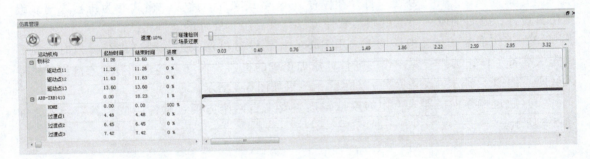

图 5-7 仿真管理

人代码,用于实际工作中指导机器人工作。在后置窗口选项中,生成的文件选择"机器人文件",其他选项默认,具体如图 5-8 所示。

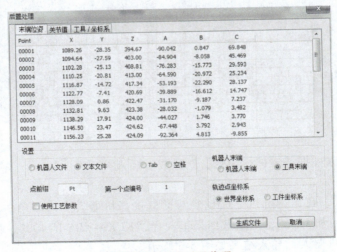

图 5-8 生成后置代码

2. 工艺包

工艺包界面如图 5-9 所示。

图 5-9　工艺包界面

工艺包就是将一些典型机器人工作站进行模块化，如码垛拆垛工艺，通过修改码垛工艺、码垛数量等就可以很快速地生成想要的码垛程序，码垛工艺界面如图 5-10 所示。

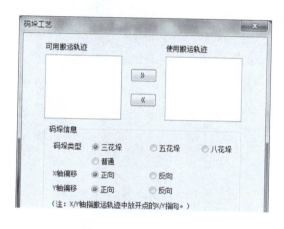

图 5-10　码垛工艺界面

3. 自定义

自定义界面如图 5-11 所示。

图 5-11　自定义界面

自定义菜单栏主要进行机器人自定义、工具自定义和状态机自定义等，属于高级功能。

项目实施

为简化工业机器人的现场编程与操作，利用 RobotArt 离线编程软件进行实体的三维建模，在 RobotArt 软件中搭建 KUKA-KR5-R1400 机器人、激光三维切割头和气缸组合平台，在气缸的六个面上生成离线轨迹，完成仿真运行。为进一步了解离线仿真，还可在生产流水线上仿真工业机器人对工件的搬运。

任务一　使用三维球进行零件装配

三维球是 RobotArt 软件一个非常重要的工具，在物体移动、精确定位中具有非常重要的作用。本任务针对三维球特点，进行简单的零件装配。

1. 三维球的结构

在默认状态下，三维球的形状如图 5-12 所示。

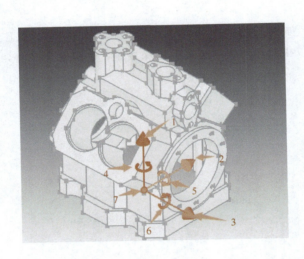

图 5-12　三维球的形状

三维球在空间中有三个移动轴、三个旋转轴和一个中心点。
三维球形状图中序号所对应的功能如下：

1——Z 轴控制柄：单击它可以进行物体的 Z 轴移动。

2——Y 轴控制柄：单击它可以进行物体的 Y 轴移动。

3——X 轴控制柄：单击它可以进行物体的 X 轴移动。

4——绕 Z 轴旋转控制：单击它物体可以绕 Z 轴旋转。

5——绕 Y 轴旋转控制：单击它物体可以绕 Y 轴旋转。

6——绕 X 轴旋转控制：单击它物体可以绕 X 轴旋转。

7——中心控制柄：主要用来进行点到点的精确快速移动。

2. 三维球重新定位

激活三维球时，可以看到三维球附着在物体上，三个轴都是彩色的。移动物体时，移动的距离都是以三维球中心点为基准。但是有时根据物体几何形状，需要改变基准点的位置，这就涉及三维球的重新定位功能，具体操作如下：单击零件，单击三维球工具打开三维球，按键盘空格键，三维球变成灰色，如图 5-13 所示。

这时移动三维球位置，物体不会随之运动。当三维球调整到需要的位置时，再按下空格键，三维球又变为原来的颜色，如图 5-14 所示，此时可以继续进行对应的实体操作。

3. 零件装配

利用三维球将图 5-15a 中的三个零件进行装配，装配完成效果如图 5-15b 所示。

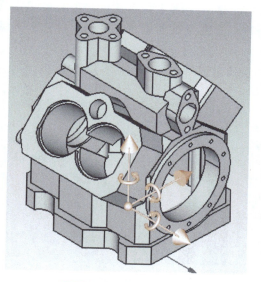
图 5-13 三维球灰色状态

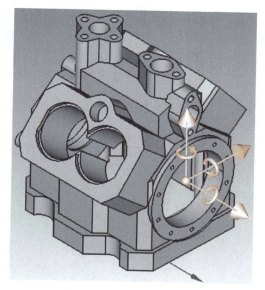
图 5-14 三维球中心移动

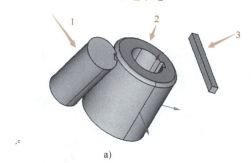

a)   b)

图 5-15 组成图与装配效果图
a) 组成图 b) 装配效果图

操作步骤如下:

1) 将圆柱形零件 1 与零件 2 平齐,单击零件 1,调出三维球,如图 5-16 所示。

2) 右键单击三维球的 Z 轴,选择"与面垂直"命令,再单击要垂直的面,得到如图 5-17 所示的结果。

3) 右键单击三维球中心点,选择"到中心点"命令,然后移动鼠标到零件 2 内圆环边线,用鼠标左键选择,得到的效果如图 5-18 所示。

图 5-16 调出三维球图

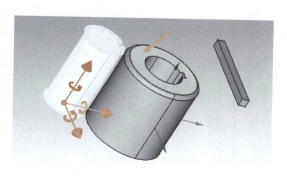
图 5-17 圆柱体垂直效果图

4）利用三维球重新定位，对齐缺口。先按空格键使三维球变成灰色，再右键单击 Y 轴，选择"到点"命令，对齐缺口。再次按空格键，恢复三维球颜色，利用三维球对齐缺口，如图 5-19 所示。

5）利用同样的方法将零件 3 装配到缺口处，操作过程略。

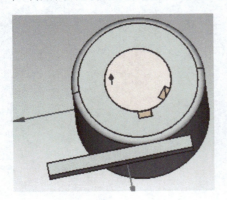

图 5-18　同轴效果

图 5-19　对齐缺口效果

任务二　气缸六面离线轨迹编程

如图 5-20 所示，在 RobotArt 软件中搭建平台，包括 KUKA-KR5-R1400 机器人、激光三维切割头和气缸。利用不同轨迹生成方法，在零件气缸的六个面上生成离线轨迹，设置合理的过渡点，完成轨迹优化后，在仿真平台上完成仿真运行。

（1）搭建环境

1）在菜单栏中单击"机器人库"，选择插入"KUKA-KR5-R1400"机器人，如图 5-21 所示。

2）单击"工具库"，选择"激光三维切割头"，结果如图 5-22 所示。软件工具库中的工具在插入后会自动安装到法兰盘上。在三维软件中绘制的工具需要进行相关定义才能自动安装，在后续内容中会介绍。

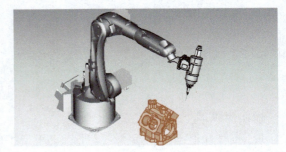

图 5-20　任务平台

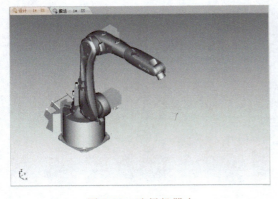

图 5-21　选择机器人

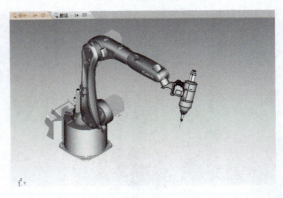

图 5-22　选择激光三维切割头

3）单击"设备库",选择"气缸"。由于软件自动放置零件的位置为原点位置,也就是机器人底座位置,因此后面导入的零件会被机器人本体掩盖,需要在左侧"机器人加工管理树"中找到导入的零件,单击"气缸",然后调出三维球,利用三维球进行零件拖动,将气缸拖动到适当的位置,如图 5-23 所示。

（2）一个面的轨迹生成与优化

1）单击"生成轨迹",选择生成轨迹类型为"沿着一个面的一条边"。在拾取元素这栏选择生成轨迹的线以及所在面,如图 5-24 所示。

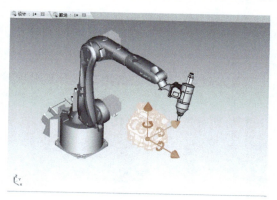

图 5-23　调整气缸合适位置　　　　　　　图 5-24　选择轨迹类型

生成的轨迹需要修改特征,右键单击轨迹,选择"修改特征"。如图 5-25 所示,取消勾选"仅为直线生成首末点"选项,生成连续轨迹点。

2）轨迹整体平移。右键单击轨迹,选择"标准平移",沿着 Y 轴负方向平移 5mm,得到如图 5-26 所示的结果。

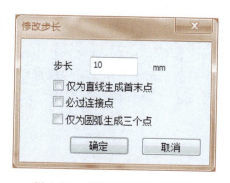
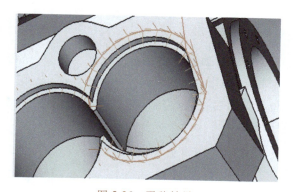

图 5-25　"修改步长"对话框　　　　　　　图 5-26　平移结果

3）生成入刀点、出刀点。入刀点与出刀点是为了更好地模拟实际操作,在轨迹点 1 与最后一个轨迹点的上方 20mm 处分别设置的。以入刀点为例,在控制面板上找到"序号 1",并双击"序号 1",让激光切割头移动到序号 1 轨迹点,然后右键单击工具,选择"插入 POS 点",软件自动生成过渡点,而且会生成在最下面,可以通过右键单击过渡点进行重命名以及上移、下移操作。入刀点的生成及调整如图 5-27 所示。

按照同样的步骤生成出刀点,结果如图 5-28 所示。

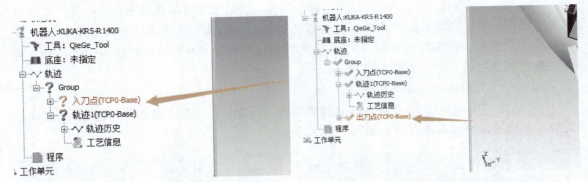

图 5-27 入刀点的生成及调整　　　　图 5-28 出刀点的生成及调整

4）轨迹优化。由于位姿不同，生成的轨迹 1 以及入刀点、出刀点会出现部分点轴限位或者超出工作空间的情况，软件可以一键优化。右键单击轨迹，选择"轨迹优化"，系统会弹出如图 5-29 所示的界面，单击"开始计算"，计算机即可进行内部优化。

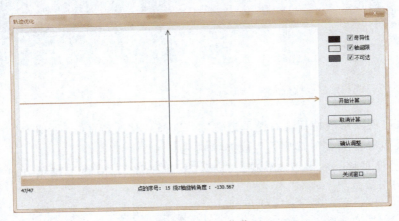

图 5-29 轨迹优化

进行计算后，窗口可能出现三种颜色的线条，分别代表某些轨迹点的可达性，当线条和中间的蓝线发生交叉时，代表某些点有轴限位的或者不可达的情况发生，可以通过调整蓝线位置，然后进行重新计算，直到不发生交叉为止，再单击"确认调整"即可，如图 5-30 所示。

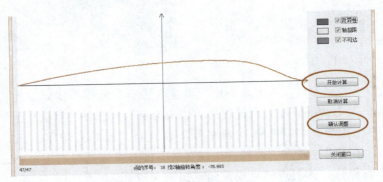

图 5-30 调整轨迹

用相同的方法生成其他五个面的轨迹并优化，完成关键点优化，灵活应用不同的优化方式。需要特别注意：对于已生成的过渡点，在运行中激光切割工具不能与工件发生干涉。

任务三　生产流水线动画设计

在工业机器人流水线教学工作站 CHL-JC-01 平台上，利用 RobotArt 软件进行物块搬运任务，具体流程如图 5-31 所示。利用夹具将方形物块从 A 点送到 B 点，物块从 B 点自由下落进入传送带，通过传送带将物块运送到 C 点，传感器检测到物块后传送带停止，然后再利用夹具将物块从 C 点送往 D 处。

操作步骤如下：

1）打开软件，单击"工作站库"，选择"流水线教学工作站"，插入的流水线工作站如图 5-32 所示。由于打开的工作站包含外围设备，操作时需要将外围设备隐藏，以方便操作。

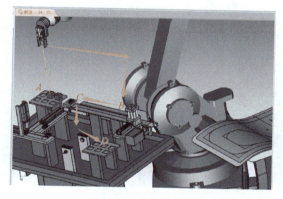

图 5-31　任务描述图

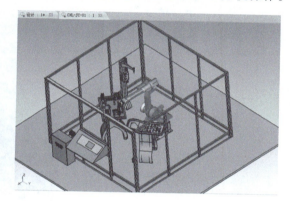

图 5-32　流水线工作站

2）在"机器人控制"栏中单击"回机械零点"，J1～J6 轴回到初始位置。右键单击法兰工具，选择"插入 POS 点"，将该 POS 点定义为 HOME 点，如图 5-33 所示。

3）利用三维球快速将夹具定位到物块处，可以通过右键单击三维球中心点，选择"到点"命令，即可得到如图 5-34 所示的结果。

4）抓取物块。右键单击工具，选择"抓取"，在弹出的对话框中选择"物块 2"，并添加到选择栏中。在选择抓取位置时选择"当前位置"。在弹出的偏移量对话框（图 5-35）中，可以根据需要填入偏移量，也可以勾选下方的"不生成出入刀点"。本例选择"不生成出入刀点"，生成的情况可以自行对比结果。

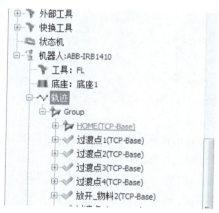

图 5-33　HOME 点

单击"确定"后，从外观看不出有没有抓取成功，可以利用三维球移动工具，观察物块是否随着工具一起运动，如果一起运动则说明抓取成功。

然后，利用三维球拉动工具，移动到抓取位置上方的某个位置，并插入 POS 点。最后，将物块搬运到 B 点位置，利用三维球快速定位即可，如图 5-36 所示。

图 5-34 定位结果图

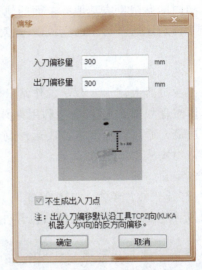
图 5-35 偏移量对话框

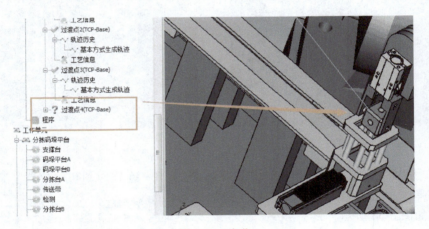
图 5-36 定位

5)释放物块。过程和抓取类似。右键单击工具,在弹出的对话框中选择"放开(生成轨迹)",选择之前被抓取的物块 2,并添加到选择框中。然后选择"当前位置"进行物块释放。

选择偏移量时,同样选择"不生成出入刀点",在单击"确认"后,就可以看到生成了放开命令,如图 5-37 所示。

同样可以通过三维球拉动工具,观察物块是否与工具分开。如果分开即成功放开物体。然后沿着释放位置 Z 轴正方向拉动工具到适当位置,并生成 POS 点,如图 5-38 所示。

利用仿真事件行物块 2 自由落体运动动画仿真。具体步骤如下:

1)右键单击物块 2,生成 POS 点。该过渡点在左侧"机器人加工管理树"中物块 2 下方可以找到,被自动命名为"驱动点",如图 5-39 所示。该驱动点与前面机器人工具运动轨迹是分开的。

2)双击"过渡点 5",在右侧调试面板中,找到过渡点序号 1,右键单击"序号 1"轨迹点,选择"添加仿真事件",结果如图 5-40 所示。

项目五 | 基于 RobotArt KUKA 工业机器人离线编程

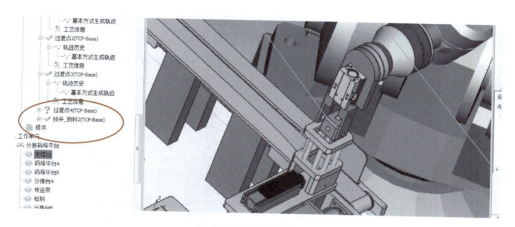

图 5-37 放开命令生成

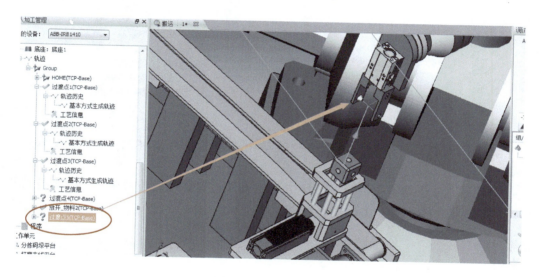

图 5-38 POS 点生成

图 5-39 物块驱动点

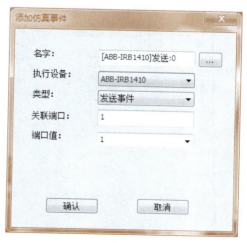

图 5-40 "添加仿真事件"对话框

3）在弹出的对话框中，修改名字为"物块 2 到位信号"，类型选择"发送事件"，其他选项保持默认，如图 5-41 所示，然后单击"确认"即可。

4）找到物块 2 驱动点 11，单击"驱动点 11"后，在右侧调试面板中找到该驱动点的轨迹点序号 1。右键单击"序号 1"，选择"添加仿真事件"，如图 5-42 所示。

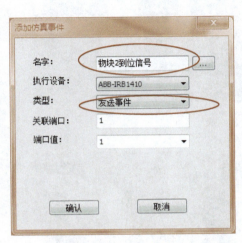

图 5-41　发送事件

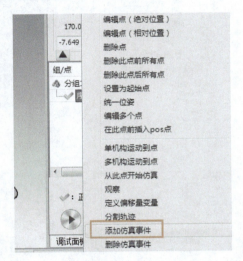

图 5-42　添加仿真事件

5）在弹出的对话框中，从类型下拉菜单中选择"等待事件"，其他选项默认，如图 5-43 所示，然后单击"确认"即可。

6）利用三维球将物块 2 沿着 Z 轴负方向拉动，直到移动到传送带，并在该位置插入 POS 点，如图 5-44 所示。

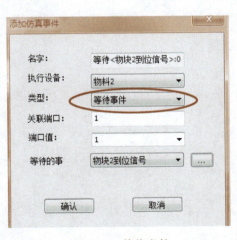

图 5-43　等待事件

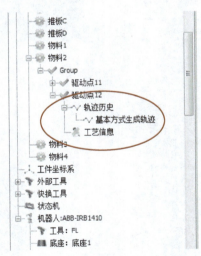

图 5-44　插入 POS 点

7）继续利用三维球拖动物块 2，使物块 2 移动到 C 点，并插入 POS 点，如图 5-45 所示。

利用夹具将物块 2 从 C 处搬运到 D 处，采用的方法和前面讲述的方法相同，同样是在 C

处抓取物块，在 D 处放开物块，再加入仿真事件，让物块到 C 处发送信号，让机器人夹爪过来抓取物块，在此不再赘述。

整体运行轨迹图，如图 5-46 所示。

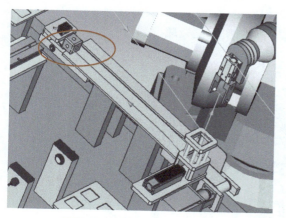

图 5-45　C 点位置插入 POS 点

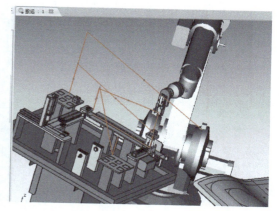

图 5-46　整体运行轨迹图

项目小结

本项目主要介绍了工业机器人离线仿真软件 RobotArt 的基本操作与简单应用。在基础知识方面，主要介绍了常用的工业机器人离线仿真软件以及各自的优缺点、应用场合等，学习 RobotArt 软件的基本操作、三维球的使用方法，以及软件的整个使用流程；在应用方面，选择两个与前面几个任务相关度较高的项目，分别是气缸六面轨迹生成和 CHL-JC-01 流水线平台搬运操作，对理解在线编程有很好的帮助。通过本项目的学习，学生应掌握离线编程的优点，结合在线编程，能够真正做到"软硬结合"，同时还掌握了离线编程软件 RobotArt 的主要功能，能够将离线编制好地程序导入机器人，完成相应任务，让学生更加深刻地理解相关知识内容。

练习与思考题

1. 填空题

1) 目前，应用于机器人的编程方法有_____、_____、_____。
2) 在 RobotArt 软件中能够快速定位物体的工具是_____。
3) RobotArt 软件中进行动画设计时最重要的指令是_____。

2. 选择题

1) 与在线示教编程相比，离线编程的优点包括（　　）。

A. 减少机器人不工作时间　　　　B. 使编程者远离危险的编程环境
C. 使用广泛　　　　　　　　　　D. 便于与 CAD/CAM 系统结合
E. 编程时机器人停止工作

2) RobotArt 的工作流程为（　　）。

A. 轨迹设计　　　　　　　　　　B. 仿真
C. 后置　　　　　　　　　　　　D. 真机运行

E. 动画设计

3. 判断题

1）RobotArt 是 KUKA 公司开发的离线仿真软件。　　　　　　　　　　（　　）
2）RobotArt 只支持 KUKA 工业机器人离线编程。　　　　　　　　　　（　　）
3）离线编程最重要的优点就是可以用很短的时间实现复杂轨迹的运行。（　　）

4. 简述题

1）简述示教编程与离线编程各自的优缺点。
2）简述三维球的组成结构及功能。

5. 操作题

结合前面例子，利用仿真事件完成图 5-47 所示轨迹的物体搬运。

图 5-47　物体搬运仿真

参 考 文 献

[1] 刘小波. 工业机器人技术基础 [M]. 北京：机械工业出版社，2016.
[2] 许文稼，张飞. 工业机器人技术基础 [M]. 北京：高等教育出版社，2017.
[3] 徐文. KUKA 工业机器人编程与实操技巧 [M]. 北京：机械工业出版社，2017.
[4] 马志敏，杨伟，陈玉球. 工业机器人技术及应用（KUKA）项目化教程 [M]. 北京：化学工业出版社，2017.
[5] 陈小艳，林燕文. 工业机器人现场编程（KUKA）[M]. 北京：高等教育出版社，2017.
[6] 李正详，宋祥弟. 工业机器人操作与编程（KUKA）[M]. 北京：北京理工大学出版社，2017.
[7] 林燕文，李曙生，陈南江. 工业机器人应用基础——基于 KUKA 机器人 [M]. 北京：北京航空航天大学出版社，2016.